国家出版基金项目
NATIONAL PUBLICATION FOUNDATION

"十三五"国家重点图书出版规划项目

中国河口海湾水生生物资源与环境出版工程

庄 平 主编

黄河口贝类资源与可持续利用

张士华 刘艳芬 左 明 刘志国 等 著

中国农业出版社

北 京

图书在版编目（CIP）数据

黄河口贝类资源与可持续利用/张士华等著．—北京：中国农业出版社，2018.12

中国河口海湾水生生物资源与环境出版工程／庄平主编

ISBN 978-7-109-24524-2

Ⅰ．①黄…　Ⅱ．①张…　Ⅲ．①黄河—河口—贝类养殖

Ⅳ．①S968.3

中国版本图书馆 CIP 数据核字（2018）第 197949 号

中国农业出版社出版

（北京市朝阳区麦子店街 18 号楼）

（邮政编码 100125）

策划编辑　郑　珂　黄向阳

责任编辑　林珠英　王金环

北京通州皇家印刷厂印刷　新华书店北京发行所发行

2018 年 12 月第 1 版　2018 年 12 月北京第 1 次印刷

开本：787mm×1092mm　1/16　印张：11.75

字数：220 千字

定价：88.00 元

（凡本版图书出现印刷、装订错误，请向出版社发行部调换）

内容简介

　　黄河口地区是莱州湾和渤海湾重要的生态功能区，也是生态环境保护的主战场之一。特殊的地理位置和大量的淡水注入，使得黄河口及近岸海域营养盐极其丰富，初级生产力高，生物多样性十分丰富。据资料记载，黄河口地区重要的经济鱼类和无脊椎动物有 50 余种，而分布于滩涂的贝类资源已达 40 余种，其中，经济价值较高的贝类有 10 余种。由此可见，贝类在该地区的海洋经济中占有重要比重。然而，近年来受陆源入海排污量增加、海域开发力度加强等影响，该地区贝类资源自然分布区域呈萎缩趋势，天然资源总量下降，经济价值较高的毛蚶、青蛤等资源不断衰退。贝类在水生生态系统的物质循环和能量流动中具有重要作用，贝类资源的衰退，将直接影响和制约黄河口地区整个海洋产业的健康与可持续发展。因此，研究和保护该地区贝类资源及其生活环境便成为一项紧迫的任务。出版本书的目的，就是希望为该地区的贝类资源利用和保护提供数据支撑和科学依据，并为其他相关地区的渔业资源保护和利用提供决策参考。

　　本书概括了作者近年来关于黄河口地区贝类资源调查与评估的主要成果。全书共分六章。第一章主要分析了黄河口地区贝类资源栖息的主要生活环境，包括自然条件、海洋水文环境、海洋水化学环境、海洋生物环境和海洋沉积环境；第二章、第三章利用近年来的调查资料和数据，分别阐述了黄河口滩涂和浅海（0～-6 m）贝类的种类组成、栖息密度、生物量的时空分布和物种多样性；第四章主要分析了若干重要经济贝类的时空分布及其季节变化；第五章探讨了主要增殖贝类的生态高效利用模式；第六章提出了黄河口地区贝类可持续利用的对策和建议。另以附录形式，列出了黄河口地区滩涂和浅海(0～-6 m) 的贝类名录。

丛书编委会

科学顾问 唐启升 中国水产科学研究院黄海水产研究所 中国工程院院士

曹文宣 中国科学院水生生物研究所 中国科学院院士

陈吉余 华东师范大学 中国工程院院士

管华诗 中国海洋大学 中国工程院院士

潘德炉 自然资源部第二海洋研究所 中国工程院院士

麦康森 中国海洋大学 中国工程院院士

桂建芳 中国科学院水生生物研究所 中国科学院院士

张　偲 中国科学院南海海洋研究所 中国工程院院士

主　　编 庄平

副 主 编 李纯厚　赵立山　陈立侨　王　俊　乔秀亭

郭玉清　李桂峰

编　　委（按姓氏笔画排序）

王云龙　方　辉　冯广朋　任一平　刘鉴毅

李　军　李　磊　沈盎绿　张　涛　张士华

张继红　陈丕茂　周　进　赵　峰　赵　斌

姜作发　晁　敏　黄良敏　康　斌　章龙珍

章守宇　董　婧　赖子尼　霍堂斌

本书编写人员

张士华　刘艳芬　左　明　刘志国　刘　强
董　洁　蒋万钊　刘艳春　高　渭　常　雯
隋凯港　张　娟

丛书序

中国大陆海岸线长度居世界前列，约 18 000 km，其间分布着众多具全球代表性的河口和海湾。河口和海湾蕴藏丰富的资源，地理位置优越，自然环境独特，是联系陆地和海洋的纽带，是地球生态系统的重要组成部分，在维系全球生态平衡和调节气候变化中有不可替代的作用。河口海湾也是人们认识海洋、利用海洋、保护海洋和管理海洋的前沿，是当今关注和研究的热点。

以河口海湾为核心构成的海岸带是我国重要的生态屏障，广袤的滩涂湿地生态系统既承担了"地球之肾"的角色，分解和转化了由陆地转移来的巨量污染物质，也起到了"缓冲器"的作用，抵御和消减了台风等自然灾害对内陆的影响。河口海湾还是我们建设海洋强国的前哨和起点，古代海上丝绸之路的重要节点均位于河口海湾，这里同样也是当今建设"21世纪海上丝绸之路"的战略要地。加强对河口海湾区域的研究是落实党中央提出的生态文明建设、海洋强国战略和实现中华民族伟大复兴的重要行动。

最近20多年是我国社会经济空前高速发展的时期，河口海湾的生物资源和生态环境发生了巨大的变化，亟待深入研究河口海湾生物资源与生态环境的现状，摸清家底，制定可持续发展对策。庄平研究员任主编的"中国河口海湾水生生物资源与环境出版工程"经过多年酝酿和专家论证，被遴选列入国家新闻出版广电总局"十三五"国家重点图书出版规划，并且获得国家出版基金资助，是我国河口海湾生物资源和生态环境研究进展的最新展示。

　　该出版工程组织了全国 20 余家大专院校和科研机构的一批长期从事河口海湾生物资源和生态环境研究的专家学者，编撰专著 28 部，系统总结了我国最近 20 多年来在河口海湾生物资源和生态环境领域的最新研究成果。北起辽河口，南至珠江口，选取了代表性强、生态价值高、对社会经济发展意义重大的 10 余个典型河口和海湾，论述了这些水域水生生物资源和生态环境的现状和面临的问题，总结了资源养护和环境修复的技术进展，提出了今后的发展方向。这些著作填补了河口海湾研究基础数据资料的一些空白，丰富了科学知识，促进了文化传承，将为科技工作者提供参考资料，为政府部门提供决策依据，为广大读者提供科普知识，具有学术和实用双重价值。

中国工程院院士

2018 年 12 月

前　言

　　河口生态系统位于河流与海洋生态系统的交汇处，是流域与海洋物质交换的主要通道，兼有河流与海洋的生态系统特征。由于其特殊的水文条件和地理位置，河口在孕育了较高的生物多样性的同时，又是生态敏感区和脆弱区。由于优越的地理与环境条件，河口也是人口密集、经济发达的地区。随着经济发展和非理性的人类活动，河口普遍出现了资源退化、环境恶化与灾害加剧的趋势，生态环境遭受严重破坏。河口生态系统的健康问题，已成为制约河口地区社会经济可持续发展的重要因素之一。

　　黄河口及邻近海域生态系统，作为渤海湾和莱州湾海洋生态系统的一个重要子系统，发挥着海洋生态系统固有的和具有黄河口特色的生态功能。150 年以来，黄河入海径流带来的丰富的营养源，驱动着黄河口及邻近海域生物群落的生产，提供了巨大的渔业生产力。黄河口水域是渤海、黄海渔业生物的主要产卵场、孵幼场、索饵场和洄游通道。同时，绵延广阔的泥沙质滩涂，为众多贝类提供了优越的栖息繁殖场所。黄河口地区是我国北方著名的贝类高产区。据统计，分布于滩涂的贝类近 40 种，其中，经济价值较高的贝类有 10 余种。自 2006 年以来，黄河口地区开始实施近海渔业资源增殖放流工作，其中，底播各种贝类 600t 以上，文蛤、菲律宾蛤仔等增殖放流品种的资源量均有不同程度的增加，收到了一定的社会效益和经济效益，但仍然抵挡不住天然贝类资源总量衰退、自然分布区域萎缩的趋势。究其原因，主要有以下几个方面：①陆源排污控制乏力，近岸海域富营养化严重。根据近年来的水质监测结果，黄河口及近岸水域主要呈现 DIN 含量较高，以及 Cu、Pb、Hg 部分重金属含量超标问题。其中，DIN 超标达 69.82%，而重金属 Pb 超标 450.31%、Hg 超标 383.41%、Cu 超标 137.84%，导致贝类以及其他海洋生物赖以生存的栖息环境不断恶化。②海域开发力度强，滨海天然湿地面积不断缩减。近年来，随着社会经济的发展和对海洋资源需求的增强，围海造地项目、环海公路工程及盐田和养殖池塘修建等开发利用活动不断加大，大量滨海湿地永久丧失其自然属性，或成为生物群落较为单一、生态功能较为低下的人工湿地，导致贝类生长繁殖空间被严重挤压，自然分布区域萎缩。③长期不合理的捕优留劣的作业方式，导致大型的经济价值比较高的毛蚶、青蛤等数量急剧下降。2013 年、2014 年的滩涂及浅海调查发现，黄河口地区贝类资源比较丰富，但其中小型饵料光滑河篮蛤、彩虹明樱蛤数量巨大，且分布较广；反之，那些经济价值较高的毛蚶、青蛤在调查中数量极为稀少。

　　黄河口是我国的重要河口之一，但在相当长一段时间内对其渔业资源开展的调查研究甚少，直至 20 世纪 80 年代初期，全国沿海各省才开展了海岸带和海涂资源综合调查。1984 年，在山东省海岸带和海涂资源综合调查办公室的具体部署和领导下，由东营市科学技术委员会、山东省海水养殖研究所会同东营市水产局和广饶、垦利、利津三县水产局，对黄河口的滩涂生物资源进行了一次全面调查。通过调查，对黄河口滩涂生物资源的种类组成和数量分布及主要经济生物分布，特别是潮下带（0～—6 m）的主要经济贝类的种类和分布，有了比较全面系统的了解。1988 年，东营市水产局在当地政府的支持下，针对黄河口滩涂主要经济贝类，包括四角蛤蜊、文蛤、光滑河篮蛤的资源现存数量与分布规律开展了调查。2004 年，在黄河口主要经济贝类资源日益衰退的情况下，东营市海洋与渔业局自拟资源修复课题，历时 4 年，再次完成了黄河口地区滩涂贝类资源的调查研究。此后，在国家层面上较大规模、全面系统的调查研究再也没有开展过，黄河口水域贝类资源状况如何、存在什么问题、该如何开发利用、该如何保护等，都缺乏科学依据。在此背景下，2013 年，东营市海洋经济发展研究院利用承担公益性行业（农业）科研专项"黄河及河口渔业资源评价与增殖养护技术研究"任务的契机，在项目任务书要求开展黄河三角洲地区滩涂贝类资源调查分析的基础上，又增设 2014 年秋季和 2015 年春季两个潮下带调查航次，旨在全面摸清黄河三角洲地区贝类资源的结构、现存量、变化趋势和理化环境条件等家底，为该地区贝类资源的可持续发展提供数据支撑和决策依据。上述系列调查所获得的宝贵资料和数据，均为本书的编写工作奠定了重要的数据基础。

　　本书共由六章构成。第一章主要分析了黄河口地区贝类资源栖息的主要生活环境，包括自然条件、海洋水文环境、海洋水化学环境、海洋生物环境和海洋沉积环境；第二章、第三章利用近年来的调查资料和数据，分别阐述了黄河口滩涂和浅海（0～－6 m）贝类的种类组成、栖息密度、生物量的时空分布和物种多样性；第四章主要分析了若干重要经济贝类的时空分布及其季节变化；第五章探讨了主要增殖贝类的生态高效利用模式；第六章提出了黄河口地区贝类可持续利用的对策和建议。另以附录形式，列出了黄河口地区滩涂和浅海（0～－6 m）的贝类名录。

　　本书力图对黄河口地区贝类资源的现状和生活环境进行较为系统的分析，据此提出区域性的利用或保护策略，并为其他地区类似的研究提供参考。但由于作者的水平有限，书中可能会存在许多不妥之处，敬请同仁批评指正，以便今后修订改正。

张 华

2018 年 10 月

目 录

丛书序

前言

第一章　黄河口贝类资源栖息环境 ················· 1

第一节　自然条件 ························· 3

一、地理位置 ···························· 3

二、气象气候 ···························· 5

三、入海河流 ···························· 5

四、自然灾害 ···························· 6

第二节　海洋水文环境 ····················· 7

一、水温 ······························ 7

二、盐度 ······························ 7

三、潮汐 ······························ 7

四、潮流与余流 ·························· 8

五、波浪 ······························ 8

第三节　海洋水化学环境 ··················· 8

一、溶解氧 ···························· 9

二、化学需氧量 ························· 9

三、pH ······························ 10

四、磷酸盐 ···························· 10

五、硅酸盐 ···························· 10

六、硝酸盐氮 ……………………………………………………… 10

七、亚硝酸盐氮 …………………………………………………… 11

八、氨氮 …………………………………………………………… 11

九、重金属离子 …………………………………………………… 11

第四节　海洋生物环境 …………………………………………… 13

一、浮游植物种类组成及群落结构特征 ………………………… 13

二、浮游动物种类组成及群落结构特征 ………………………… 16

第五节　海洋沉积环境 …………………………………………… 19

一、滩涂底质类型及分布 ………………………………………… 21

二、滩涂重金属元素含量及分布 ………………………………… 21

三、浅海（0～－6 m）底质类型及分布 ………………………… 22

四、浅海（0～－6 m）重金属元素含量及分布 ………………… 23

第二章　黄河口滩涂贝类资源 …………………………………… 25

第一节　种类组成 ………………………………………………… 27

一、资源结构 ……………………………………………………… 27

二、出现频次组成 ………………………………………………… 29

三、重量组成 ……………………………………………………… 30

四、数量组成 ……………………………………………………… 31

五、空间分布 ……………………………………………………… 33

第二节　栖息密度和生物量 ……………………………………… 39

一、平面分布 ……………………………………………………… 39

二、纵向分布 ……………………………………………………… 40

三、总体分布特点 ………………………………………………… 43

第三节　优势种 …………………………………………………… 46

第四节　多样性指数 ……………………………………………… 47

一、物种多样性指数 ……………………………………………… 47

二、物种均匀度指数 ……………………………………………………… 48

第三章　黄河口浅海（0～－6 m）贝类资源 …………………… 51

第一节　种类组成 ……………………………………………………… 53

一、平面分布 ……………………………………………………………… 54
二、纵向分布 ……………………………………………………………… 55

第二节　栖息密度和生物量 …………………………………………… 55

一、栖息密度 ……………………………………………………………… 55
二、生物量 ………………………………………………………………… 59

第三节　优势种 ………………………………………………………… 62

第四节　多样性指数 …………………………………………………… 64

一、物种多样性指数 ……………………………………………………… 64
二、物种均匀度指数 ……………………………………………………… 65

第四章　黄河口重要经济贝类 ……………………………………… 67

第一节　四角蛤蜊 ……………………………………………………… 69

一、栖息密度平面分布及季节变化 ……………………………………… 70
二、栖息密度纵向分布及季节变化 ……………………………………… 73
三、生物量平面分布及季节变化 ………………………………………… 73
四、生物量纵向分布及季节变化 ………………………………………… 76

第二节　文蛤 …………………………………………………………… 77

一、栖息密度平面分布及季节变化 ……………………………………… 78
二、栖息密度纵向分布及季节变化 ……………………………………… 81
三、生物量平面分布及季节变化 ………………………………………… 82
四、生物量纵向分布及季节变化 ………………………………………… 85

第三节　青蛤 …………………………………………………………… 86

一、栖息密度平面分布及季节变化 ……………………………………… 86

二、栖息密度纵向分布及季节变化 …………………………………… 89

三、生物量平面分布及季节变化 …………………………………… 90

四、生物量纵向分布及季节变化 …………………………………… 92

第四节 泥螺 ………………………………………………………… 93

一、栖息密度平面分布及季节变化 ………………………………… 94

二、栖息密度纵向分布及季节变化 ………………………………… 97

三、生物量平面分布及季节变化 …………………………………… 98

四、生物量纵向分布及季节变化 …………………………………… 100

第五节 光滑河篮蛤 ………………………………………………… 101

一、栖息密度平面分布及季节变化 ………………………………… 102

二、栖息密度纵向分布及季节变化 ………………………………… 105

三、生物量平面分布及季节变化 …………………………………… 106

四、生物量纵向分布及季节变化 …………………………………… 108

第六节 彩虹明樱蛤和红明樱蛤 …………………………………… 109

一、栖息密度平面分布及季节变化 ………………………………… 110

二、栖息密度纵向分布及季节变化 ………………………………… 113

三、生物量平面分布及季节变化 …………………………………… 114

四、生物量纵向分布及季节变化 …………………………………… 116

第七节 毛蚶 ………………………………………………………… 117

一、栖息密度平面分布及季节变化 ………………………………… 118

二、生物量平面分布及季节变化 …………………………………… 120

第八节 脉红螺 ……………………………………………………… 122

一、栖息密度平面分布及季节变化 ………………………………… 122

二、生物量平面分布及季节变化 …………………………………… 124

第九节 西施舌 ……………………………………………………… 126

一、栖息密度平面分布及季节变化 ………………………………… 127

二、生物量平面分布及季节变化 …………………………………… 128

第十节　菲律宾蛤仔 ……………………………………………… 130

一、栖息密度平面分布及季节变化 ……………………………… 131

二、生物量平面分布及季节变化 ………………………………… 132

第十一节　扁玉螺 ………………………………………………… 134

一、栖息密度平面分布及季节变化 ……………………………… 134

二、生物量平面分布及季节变化 ………………………………… 136

第五章　黄河口贝类资源高效利用模式 ……………………… 139

第一节　黄河口地区主要经济贝类近年来变化趋势 …………… 141

一、四角蛤蜊 ……………………………………………………… 141

二、文蛤 …………………………………………………………… 142

第二节　高效产出模式 …………………………………………… 143

一、四角蛤蜊的适量投放苗种模式 ……………………………… 143

二、青蛤的自然养护和划片轮捕模式 …………………………… 145

三、文蛤苗种的采捕时间限定模式 ……………………………… 146

第六章　黄河口贝类资源可持续利用策略 …………………… 149

第一节　存在问题 ………………………………………………… 151

第二节　可持续利用对策及建议 ………………………………… 153

附录　黄河口浅海滩涂贝类名录 ……………………………… 155

附录一　黄河口滩涂贝类名录 …………………………………… 157

附录二　黄河口浅海（0～－6 m）贝类名录 …………………… 159

参考文献 ………………………………………………………… 161

第一章
黄河口贝类资源
栖息环境

海洋生态环境是海洋生物赖以生存和繁衍的最基本的条件。一段时间以来，由于自然条件的变化和人为的影响，我国近岸水域环境污染和富营养化日益加剧，导致赖以生存的海洋生物群落结构发生重大改变，优质海洋生物资源衰竭，海洋生物多样性持续下降。由于贝类具有非选择性滤食的习性，且生活区域比较固定、主动逃避能力弱，生长过程中极易受外界环境影响，导致贝类体内重金属、微生物、贝毒等含量超标，人们食用受污染贝类会对健康造成严重危害，甚至导致死亡。

黄河口是黄河水沙的承泄区，每年向海洋输入巨量的淡水、泥沙和营养盐，造就了独特的河口区海洋生态环境，并孕育了丰富的河口区海洋生物资源。但自 20 世纪 70 年代以来，由于陆源排污量的增多和黄河入海水沙量的骤减，黄河口及邻近海域生态环境和水生生物资源也难逃厄运。作为黄河口地区重要的海洋资源，因近岸污染问题，四角蛤蜊等重要经济贝类出现大面积死亡的现象也时有发生。

第一节　自然条件

通常提到"黄河口"，人们首先想到那是万里黄河入海的地方。本书定义的"黄河口"范畴较之略有延伸，指的是黄河口及邻近海域（至海水约 -6 m 等深线处），行政区划上属于山东省东营市。

一、地理位置

东营市位于山东省北部、黄河入海口的三角洲地区，北靠渤海湾，东临莱州湾，西与滨州市毗邻，南与淄博市、潍坊市接壤。全市管辖国土面积约为 8 053 km²，下辖东营区、河口区、垦利区、广饶县和利津县等 5 区（县）。东营市地处黄河三角洲中心腹地，全市海岸线南起小清河向广饶一侧、北至顺江沟向河口区一侧，经实际勘测全长412.67 km。其中，人工海岸线长 261.71 km，天然海岸线长 150.96 km，区划海洋国土面积约 5 000 km²。自 2002 年黄河实施调水调沙后，每年淤海造陆面积近 3.85 km²，拥有不可多得的后备土地资源。

目前，东营市境内有国家级自然保护区 1 处，即山东黄河三角洲国家级自然保护区。该自然保护区被称为中国暖温带最年轻、最广阔、保存最完整的湿地生态系统，是以保护黄河口新生湿地生态系统和珍稀濒危鸟类为主体的湿地类型自然保护区，总面积约 1 530 km²，设一千二、黄河口、大汶流 3 个管理站，分为南北两个区域。南部区域位于现行黄河入海口，面积 1 045 km²；北部区域位于 1976 年改道后的黄河故道入海口，面积 485 km²。同时，黄河携带的大量泥沙在此沉积，使这里成为共和国最年轻的土地。区内鸟类众多，共有鸟类 368 种。国家一级重点保护鸟类有丹顶鹤、东方白鹳等 12 种，国家二级重点保护鸟类有大天鹅、灰鹤等 51 种。每年春、秋候鸟迁徙季节，数百万只鸟类在这里捕食、栖息、翱翔，成为东北亚内陆和环西太平洋鸟类迁徙重要的中转站、越冬栖息地和繁殖地，被国内外专家誉为"鸟类的国际机场"。区内植物资源丰富，共有植物 393 种，其中，野生种子植物 116 种。盐地碱蓬、柽柳和罗布麻在自然保护区内广泛分布，是中国沿海最大的新生湿地自然植被区。

为了更好地保护和利用海洋资源，东营市自 2005 年开始规划申报国家级海洋特别保护区，至 2009 年，经国家海洋局批准成立了东营河口浅海贝类、东营黄河口生态、东营利津底栖鱼类、东营莱州湾蛏类、东营广饶沙蚕类等 5 处生态国家级海洋特别保护区，总面积达 1 721 km²，涵盖了全市近海重点渔业海域，主要保护对象为贝类、沙蚕类、大型底栖鱼类等水产经济物种及其赖以生存的河口海洋生态环境（图 1-1）。

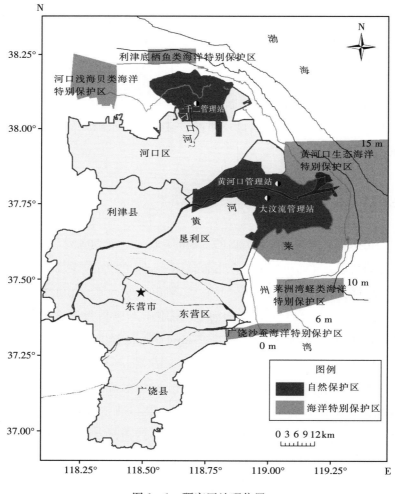

图 1-1　研究区地理位置

二、气象气候

东营市地处北温带，属暖温带季风型大陆性气候，为半湿润气候区。总的气候特点是光照充足，热量丰富，四季分明，气温适中，雨热同期，风能资源丰富。光热资源丰富，日照时数在 2 571～2 865 h，平均 2 682 h，是我国日照较丰沛的农业区之一，年内日照时数峰值出现在 5 月，低值出现在 12 月。全年平均气温 12.3 ℃，7 月温度最高，平均气温 26.7 ℃，极端最高气温达 41.9 ℃；1 月最冷，平均气温－2.8 ℃，极端最低气温－23.3 ℃。平均降水量 542.3～842 mm，多集中在夏季，7—8 月降水量约占全年降水量的一半，且多暴雨。风向随季节变化，冬季多偏北风，夏季多偏南风，全年平均风速 3.1～4.6 m/s。主要气象灾害有霜冻、干热风、大风、冰雹、干旱、涝灾、风暴潮灾等。境内南北气候差异不明显。

三、入海河流

东营市境内有大小河流 20 余条，排涝河道控制面积在 100 km² 以上的有 12 条：黄河以北有马新河、沾利河、草桥沟、挑河、草桥沟东干流、褚官河、太平河；黄河以南有小岛河、三排沟、永丰河、溢洪河、广利河。上述河道多年平均入境总径流量为 3.25× 10^8 m³。过境径流主要是黄河水，以黄河为分界线，黄河以南属淮河流域，有小清河及其支流淄河、阳河、泥河子、预备河，支脉河及其支流小河子、武家大沟、广蒲河、五干排，广利河及其支流溢洪河、东营河、老广蒲河、五六干合排、六干排、永丰河及其支流三排沟，张镇河、小岛河等河流；黄河以北属海河流域，有潮河及其支流褚官河、太平河、马新河、沾利河、草桥沟、草桥沟东干流、挑河、神仙沟及其支流新卫东河等河流。

黄河东营段上起滨州界，自西南向东北贯穿东营市全境，在垦利区东北部注入渤海，全长 138 km。黄河水径流量年际变化大，年内分配不均，含沙量大。以利津站 1950—2009 年的水沙资料统计：黄河利津站多年平均年径流量为 310.1×10^8 m³，最大年径流量为 973.1×10^8 m³（1964 年），最小年径流量为 18.61×10^8 m³（1997 年），年际间丰枯变化较大，一年之内水量分布不均，春季供需矛盾突出。地下淡水资源主要分布在小清河以南广饶县境内，小清河以北地区均属咸水区。利津站多年平均年输沙量为 7.46×10^8 t，最大年输沙量为 21.0×10^8 t（1958 年），最小年输沙量为 0.164×10^8 t（1997 年）。黄河每年携带巨量的泥沙入海，在河口口门处不断淤积造陆，形成新的三角洲，目前已形成三代三角洲。据统计：1855—1954 年，黄河在第一代三角洲年淤海造陆 1 510 km²，年净造陆速度 23.6 km²；1954—1992 年，年平均径流量 375.38×10⁸ m³，年平均输沙量 9.46×10⁸ m³，黄河在第二代三角洲年净造陆面积为 841.3 km²，年净造陆速度 22.1 km²；1992—2000 年，因入海水沙量急剧减小（年平均径流量 118.84×10⁸ m³、年平均输沙量 3.57×10⁸ m³），黄河在第三代三角洲年净造陆面积只有 76 km²，年净造陆速度 9.5 km²。2002—2011 年，黄河开始实施调水调沙的 10 年间，年平均径流量 169.16×10⁸ m³，年平均输沙量 1.56×10⁸ m³，黄河继续在第三代三角洲上淤海造陆，年净造陆面积仅 38.54 km²。

四、自然灾害

东营市所在的黄河三角洲地区成陆年代晚，受其特殊的海、陆、河与湿地系统影响，潜水位高，矿化度大，加之油田开发、农事耕作等人为活动，自然灾害呈现出种类多样、演化方向多变的特征。

（1）地质构造复杂所引发的地震等自然灾害 黄河三角洲位于郯庐地震带内，东北与燕山渤海地震带、西北与华北平原地震带相邻。地震活动的频度和强度随时间分布不均匀，地震活动平静期与活动期相间分布。1969 年 7 月 18 日，渤海湾内发生 7.4 级地震。1970 年以来，现代小震活动主要分布在莱州湾地区及渤海南缘和胜北断裂附近。

（2）人类活动引发的地面沉降等次生灾害 黄河三角洲沉降总趋势是由黄河河道两侧向东西两个方向沉降幅度逐渐减小，位于东营区及附近石油开采区，年平均沉陷量 10 mm左右。地下水漏斗主要分布在黄河以南，至1980 年，已形成了以广饶县稻庄镇为中心和以石村镇为中心的两个降落漏斗。1980 年以后，漏斗中心逐渐南移，两漏斗连通。地面沉降漏斗中心分布在牛庄六户一代，也是深层地下水降落漏斗中心，和石油天然气开采区分布基本相符。黄河三角洲油气资源长期大量的开采，在钻井施工中的井喷、开采井、土炼油厂及石油管线等附近，形成大量落地油，呈点状或片状分布，对土壤、地表水、地下水及农作物造成了严重污染，增强了油田集中区内土地资源的不稳定性和生态脆弱性。

（3）海岸带灾害 主要类型包括海水入侵、海岸侵蚀与风暴潮等。东营市海岸带受黄河来水来沙量影响较大，据测算，在黄河年入海泥沙小于 3×10⁸ t 时，河口陆地海岸线将会侵蚀后退。该地区沿岸易发生风暴潮，是中国风暴潮重灾区之一，同时，也是世界上少数的温带风暴潮频发区。在过去的 100 年中，高于 3.5 m 的风浪就发生了 7 次。该地区地势非常低洼，大部分处于 4 m 以下，自然保护区所在区域多处于 2 m，3 m 高程以下的面积占黄河三角洲的 74.2%，4 m 高程以下的面积占到 90% 以上。因此，当风暴潮发生时，会有大片湿地被淹没，海水漫溢，大量的可溶性盐类被带至陆地并堆积，破坏土壤物质结构,形成大面积盐碱化土地。

(4)海冰等其他自然灾害　黄河口及邻近海域水深较浅,由于黄河及周边其他入海河流的汇入,海水盐度较低,受西伯利亚南下冷空气的影响,易于结冰。20世纪60年代以来,发生过多次有记载的海冰灾害,影响了渔业生产和海上石油开发。

第二节　海洋水文环境

黄河口及邻近海域沿岸海底较为平坦,浅海底质泥质粉沙占77.8%,沙质粉沙占22.2%。海水透明度为32～55 cm。海水温度、盐度受大陆气候和黄河径流的影响较大。

一、水温

黄河口及邻近海域春季水温范围在15.3～21.6 ℃,平均值为18.5 ℃;夏季水温在25.2～28.1 ℃,平均值为26.6 ℃;秋季水温在12.5～15.7 ℃,平均值为14.3 ℃;冬季水温在0～6.8 ℃,平均值为1.9 ℃。冬季沿岸有2～3个月冰期,海水流冰范围为0～5 n mile(1 n mile≈1.852 km)。

二、盐度

黄河口及邻近海域春季盐度范围在29.1～31.2,平均值为30.5;夏季盐度在23.5～30.3,平均值为28.3;秋季盐度在19.5～30.0,平均值为27.3;冬季盐度在25.9～29.8,平均值为27.3。近海在黄河及其他河流作用下,含盐量低,含氧量高,有机质多,饵料丰富,适宜多种鱼虾类索饵、繁殖和洄游。自20世纪70年代以来,黄河下游径流减少甚至出现断流,且年内分布极其不均匀,河口近岸海域盐度场随径流量的变化也产生了一定改变。

三、潮汐

黄河口及邻近海域为半封闭型,大部岸段的潮汐属不规则半日潮,每日2次,每日出现的高低潮差一般为0.2～2 m,大潮多发生于3—4月和7—11月,潮位最高超过5 m。易发生风暴潮灾害,风暴潮存在明显的季节性变化,风暴潮灾害一年四季均有发生,冬

半年发生的次数明显多于夏半年，秋冬交替时节发生风暴潮的频率最大。

四、潮流与余流

黄河口及邻近海域潮流及余流分布变化比较复杂，影响因素较多。该海域为不正规半日潮，潮流基本上平行于海岸的往复流，涨潮流从北到南、落潮流从南到北，流速大小多不超过 50 cm/s。潮致欧拉余流为岬角余流，即在岬角两侧存在涡旋方向相反的一对涡旋，方向为南顺北逆，且越靠近岸流速越大，最大可达 20 cm/s。黄河径流仅对黄河口附近海域流场有显著的影响，径流性余流对潮致欧拉余流有加强的作用。

五、波浪

黄河口及邻近海域位于渤海西南部，波浪对于本区的作用受渤海环境制约。受渤海封闭性影响，波浪基本为风浪，波高与风速相关性很好，浪向与风向一致。本区地理位置较靠北，夏季受台风北上影响不大，主要大浪为秋季寒潮南侵造成的偏北向大浪。受季风作用明显，波浪呈现明显的季节性，夏季盛行偏南风，冬季偏北向风浪占绝对优势。

第三节　海洋水化学环境

氮、磷、硅等营养物质是海洋环境中维持海洋生物生命活动的重要生源要素，是维持海洋初级生产力的基础，同时，又是引起水体富营养化的主要元素。某些重金属元素（锰、铜、铁、锌、铯等）是生命活动所需要的微量元素；而大部分重金属元素如汞、铅、镉等则非生命所必需，当超过一定浓度，就会对海洋生物体构成危害，通过食物链的富集和放大作用，这些重金属最终会在人体内大量蓄积，破坏人体正常的生理代谢活动，损害人体健康。海水中这些化学元素的含量分布规律通常具有明显的时间性和地域性，直接反映了各区域的生物生命活动规律和水文条件的综合影响。

本书对于黄河口及邻近海域水化学环境的描述采用了课题组 2011—2012 年（2011 年5 月、8 月、11 月和 2012 年 2 月）在研究区的生态环境调查结果，调查共设置 25 个站位（图 1-2）。

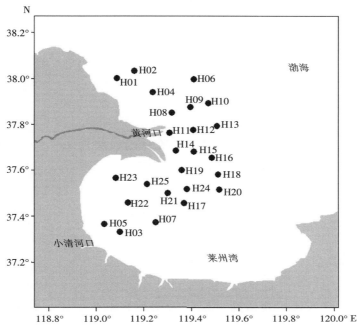

图 1-2　黄河口邻近海域生态环境调查站位

（图中字母"H"代表黄河口调查区）

一、溶解氧

黄河口及邻近海域水体溶解氧浓度较高，变化范围为 7.51～14.88 mg/L，平均值为 10.64 mg/L，依据《海水水质标准》（GB 3097—1997）属于Ⅰ类水质。春季溶解氧浓度范围为 8.0～11.9 mg/L，平均值为 10.1 mg/L；夏季溶解氧浓度范围为 7.5～11.4 mg/L，平均值为 9.2 mg/L；秋季溶解氧浓度范围为 8.7～13.4 mg/L，平均值为 10.7 mg/L；冬季溶解氧浓度范围为 11.1～14.9 mg/L，平均值为 12.6 mg/L。季节差异为：冬季＞秋季＞春季＞夏季，受到淡水冲击较强的近河口区，虽然水体溶解氧浓度较远海低，但也属于Ⅰ类水质。

二、化学需氧量

黄河口及邻近海域水体化学需氧量变化范围为 0.68～2.40 mg/L，平均值为 1.22 mg/L，依据《海水水质标准》（GB 3097—1997）属于Ⅰ类水质。春季化学需氧量范围为 0.88～1.72 mg/L，平均值为 1.21 mg/L；夏季化学需氧量范围为 0.68～2.40 mg/L，平均值为 1.26 mg/L；秋季化学需氧量范围为 0.72～2.28 mg/L，平均值为 1.15 mg/L；冬

季化学需氧量范围为 0.80～2.16 mg/L，平均值为 1.28 mg/L。季节差异为：冬季＞夏季＞春季＞秋季，且各季节均为Ⅰ类水质；黄河口及邻近海域水体化学需氧量受河口淡水冲入的影响，形成相应漩涡状梯度分布。

三、pH

黄河口及邻近海域 pH 随季节变化不大，变化范围为 7.96～8.44，平均值为 8.22。春季 pH 范围为 8.12～8.31，平均值为 8.20；夏季 pH 范围为 7.96～8.22，平均值为 8.10；秋季 pH 范围为 8.04～8.49，平均值为 8.30；冬季 pH 范围为 8.10～8.35，平均值为 8.25。

四、磷酸盐

黄河口及邻近海域磷酸盐浓度呈现较为明显的季节变化，变化范围为 0.001～0.291 mg/L，平均值为 0.039 mg/L。春季磷酸盐浓度范围为 0.001～0.028 mg/L，平均值为 0.003 mg/L；夏季磷酸盐浓度范围为 0.024～0.041 mg/L，平均值为 0.029 mg/L；冬季磷酸盐浓度范围为 0.010～0.291 mg/L，平均值为 0.085 mg/L。季节差异为：冬季＞夏季＞春季，冬季磷酸盐含量要显著高于其他季节。空间分布特征为，春季从河口至远海逐渐降低，夏季基本一致；而冬季则与之相反。

五、硅酸盐

黄河口及邻近海域硅酸盐浓度呈现较为明显的季节变化，变化范围为 0.001～1.160 mg/L，平均值为 0.234 mg/L，平均浓度从春季到秋季逐渐升高。春季硅酸盐浓度范围为 0.015～0.296 mg/L，平均值为 0.070 mg/L；夏季硅酸盐浓度范围为 0.001～0.431 mg/L，平均值为 0.152 mg/L；秋季硅酸盐浓度范围为 0.001～1.160 mg/L，平均值为 0.187 mg/L；冬季硅酸盐浓度范围为 0.159～0.950 mg/L，平均值为 0.526 mg/L。季节差异为：冬季＞秋季＞夏季＞春季，分布趋势基本为河口半环形区域浓度较高，距河口越远浓度越低，仅局部区域形成小范围梯度漩涡，这种分布态势可能与黄河径流排入大量的营养物质有关。

六、硝酸盐氮

黄河口及邻近海域硝酸盐氮浓度变化范围为 0.001～0.982 mg/L，平均值为

0.238 mg/L。春季硝酸盐氮浓度范围为 0.001～0.011 mg/L，平均值为 0.004 mg/L；夏季硝酸盐氮浓度范围为 0.028～0.768 mg/L，平均值为 0.216 mg/L；秋季硝酸盐氮浓度范围为 0.059～0.982 mg/L，平均值为 0.343 mg/L；冬季硝酸盐氮浓度范围为 0.147～0.586 mg/L，平均值为 0.390 mg/L。季节差异为：冬季＞秋季＞夏季＞春季，春季硝酸盐氮含量明显低于其他三个季节，近河口区水体的硝酸盐氮的含量稍低于该区域的其他水体。

七、亚硝酸盐氮

黄河口及邻近海域亚硝酸盐氮浓度变化范围为 0.001～0.419 mg/L，平均值为 0.043 mg/L。春季亚硝酸盐氮浓度范围为 0.022～0.181 mg/L，平均值为 0.090 mg/L；夏季亚硝酸盐浓度范围为 0.003～0.122 mg/L，平均值为 0.028 mg/L；秋季亚硝酸盐浓度范围为 0.012～0.419 mg/L，平均值为 0.050 mg/L；冬季亚硝酸盐浓度范围为 0.001～0.012 mg/L，平均值为 0.004 mg/L。季节差异为：春季＞秋季＞夏季＞冬季。

八、氨氮

黄河口及邻近海域氨氮浓度变化范围为 0.003～0.089 mg/L，平均值为 0.041 mg/L。春季氨氮浓度范围为 0.015～0.089 mg/L，平均值为 0.036 mg/L；夏季氨氮浓度范围为 0.027～0.078 mg/L，平均值为 0.052 mg/L；秋季氨氮浓度范围为 0.007～0.086 mg/L，平均值为 0.042 mg/L；冬季氨氮浓度范围为 0.003～0.720 mg/L，平均值为 0.034 mg/L。季节差异为：夏季＞秋季＞春季＞冬季，夏季氨氮含量要显著高于其他季节。

九、重金属离子

(一) 铜（Cu）

黄河口及邻近海域铜浓度变化范围为 0～0.033 mg/L，平均值为 0.012 mg/L，依据《海水水质标准》（GB 3097—1997）属于Ⅲ类、Ⅳ类水质。春季铜浓度范围为 0.002～0.024 mg/L，平均值为 0.013 mg/L；夏季铜浓度范围为 0.006～0.033 mg/L，平均值为 0.011 mg/L；秋季铜浓度范围为 0.003～0.031 mg/L，平均值为 0.018 mg/L；冬季铜浓度范围为 0～0.009 mg/L，平均值为 0.005 mg/L。季节差异为：秋季＞春季＞夏季＞冬季，仅冬季为Ⅰ类水质，其他季节为Ⅲ类、Ⅳ类水质，空间分布特征除夏季近岸稍低于远海外，其他季节均呈漩涡状梯度分布。

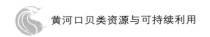

（二）铅（Pb）

黄河口及邻近海域铅浓度变化范围为 0～0.013 3 mg/L，平均值为 0.005 5 mg/L，依据《海水水质标准》（GB 3097—1997）属于Ⅲ类水质。春季铅浓度范围为 0.000 4～0.013 3 mg/L，平均值为 0.006 6 mg/L；夏季铅浓度范围为 0.000 4～0.009 3 mg/L，平均值为 0.003 9 mg/L；秋季铅浓度范围为 0.000 6～0.011 5 mg/L，平均值为 0.007 7 mg/L；冬季铅浓度范围为 0.000 4～0.007 3 mg/L，平均值为 0.003 8 mg/L；季节差异为：秋季＞春季＞夏季＞冬季，秋季和春季显著高于夏季和冬季，秋季和春季为Ⅱ类水质，其他两个季节为Ⅰ类水质。空间分布特征为，夏秋冬季近河口区水体重金属铅含量稍高于远海地区，且存在小型漩涡状分布；而春季也于近岸含量稍高。

（三）锌（Zn）

黄河口及邻近海域锌浓度变化范围为 0.002～0.042 mg/L，平均值为 0.015 mg/L，依据《海水水质标准》（GB 3097—1997）属于Ⅰ类水质。春季锌浓度范围为 0.002～0.036 mg/L，平均值为 0.014 mg/L；夏季锌浓度范围为 0.003～0.037 mg/L，平均值为 0.015 mg/L；秋季锌浓度范围为 0.003～0.042 mg/L，平均值为 0.025 mg/L；冬季锌浓度范围为 0.002～0.042 mg/L，平均值为 0.006 mg/L。季节差异为：秋季＞夏季＞春季＞冬季，除秋季为Ⅱ类水质外，其他三个季节均为Ⅰ类水质。空间分布特征为，春季和夏季近河口区水体重金属锌含量低于远海；秋季和冬季则与之相反。

（四）镉（Cd）

黄河口及邻近海域镉浓度变化范围为 0～0.001 9 mg/L，平均值为 0.000 7 mg/L，依据《海水水质标准》（GB 3097—1997）属于Ⅰ类水质。春季镉浓度范围为 0.000 2～0.001 9 mg/L，平均值为 0.000 7 mg/L；夏季镉浓度范围为 0～0.001 2 mg/L，平均值为 0.000 6 mg/L；秋季镉浓度范围为 0.000 2～0.001 6 mg/L，平均值为 0.000 8 mg/L；冬季镉浓度范围为 0.000 2～0.001 6 mg/L，平均值为 0.000 4 mg/L。季节差异为：秋季＞春季＞夏季＞冬季，各季节均为Ⅰ类水质。空间分布特征为，春季近岸水体重金属镉含量低于远海且南岸高于北岸，夏季近岸高于远海，秋季则呈较多漩涡状梯度分布且河口稍低，冬季近岸低于远海。

（五）砷（As）*

黄河口及邻近海域砷浓度变化范围为 0.000 1～0.005 9 mg/L，平均值为 0.002 2 mg/L，依据《海水水质标准》（GB 3097—1997）属于Ⅰ类水质。春季砷浓度范围为 0.000 2～

---

* 砷是类金属元素，但在渔业生态环境及环境污染研究中通常归为重金属，下同。

0.005 9 mg/L，平均值为 0.003 1 mg/L；夏季砷浓度范围为 0.001 0～0.004 9 mg/L，平均值为 0.002 6 mg/L；秋季砷浓度范围为 0.001 2～0.004 7 mg/L，平均值为 0.002 8 mg/L；冬季砷浓度范围为 0.000 1～0.000 3 mg/L，平均值为 0.000 2 mg/L。季节差异为：春季＞秋季＞夏季＞冬季，冬季含量显著低于其他季节，各季节均为Ⅰ类水质。空间分布特征为，春季近河口区水体重金属砷含量低于两侧；其他季节呈现漩涡状梯度分布，但无显著分布趋势。

（六）汞（Hg）

黄河口及邻近海域汞浓度变化范围为 0.000 1～0.000 5 mg/L，平均值为 0.000 2 mg/L，依据《海水水质标准》（GB 3097—1997）属于Ⅳ类水质。春季汞浓度范围为 0.000 1～0.000 4 mg/L，平均值为 0.000 3 mg/L；夏季汞浓度范围为 0.000 1～0.000 5 mg/L，平均值为 0.000 2 mg/L；秋季汞浓度范围为 0.000 1～0.000 4 mg/L，平均值为 0.000 2 mg/L；冬季汞浓度范围为 0.000 1～0.000 3 mg/L，平均值为 0.000 2 mg/L；各季节均为Ⅳ类水质。空间分布特征为，春季河口及近岸两侧水体重金属汞含量相对较高，夏季河口南侧存在相对较高含量区域，秋季呈现漩涡状梯度分布趋势，冬季则远海高于河口。

第四节　海洋生物环境

自然界由于各种生物相互依存（制约）而保持平衡。在自然状态下，生物群落结构稳定，生态系统健康；当环境受到污染或干扰时，栖居于此的生物就会受到影响，如栖息密度锐减、生长发育繁殖受损甚至死亡等，最终会导致群落结构发生变化，生态系统失衡。生物群落结构的变化能反映生态环境健康状况，这是生物环境指示作用研究的理论基础。

本书对于黄河口及邻近海域海洋生物环境的描述，也采用了课题组 2011—2012 年（2011 年 5 月、8 月、11 月和 2012 年 2 月）在研究区的生态环境调查结果，调查站位设置同图 1－2。

一、浮游植物种类组成及群落结构特征

（一）种类组成

调查发现，黄河口及邻近海域浮游植物共计 118 种。其中，硅藻门最多，为 95 种，约占总数的 80.51%；其次是甲藻门，为 18 种，约占 15.25%；再次是金藻门，2 种，约

占 1.69%；最后是蓝藻门、隐藻门和绿藻门，各 1 种，约占 0.85%。各季节物种数大小顺序为：冬季（89 种）＞夏季（72 种）＞秋季（70 种）＞春季（51 种）（表 1-1，表 1-2）。

表 1-1 黄河口及邻近海域浮游植物种类（种）

类别	春季	夏季	秋季	冬季	总计
硅藻门	39	59	52	82	95
甲藻门	7	9	17	5	18
金藻门	2	2	1	1	2
蓝藻门	1	1	0	0	1
隐藻门	1	1	0	1	1
绿藻门	1	0	0	0	1
总计	51	72	70	89	118

表 1-2 黄河口及邻近海域浮游植物名录

类别	物种	类别	物种	类别	物种	类别	物种
硅藻门	爱氏辐环藻	硅藻门	棘冠藻	硅藻门	深环沟角毛藻	硅藻门	中华半管藻
	薄壁几内亚藻		加拉星平藻		双孢角毛藻		中华齿状藻
	扁面角毛藻		尖刺伪菱形藻		双菱藻		中肋骨条藻
	冰河拟星杆藻		尖锥菱形藻		双眉藻		舟形藻
	并基角毛藻		具边线形圆筛藻		斯氏几内亚藻		嘴状胸隔藻
	波罗的海布纹藻		具槽帕拉藻		泰晤士旋鞘藻		佛氏海线藻
	波状斑条藻		具翼漂流藻		条纹小环藻		辐射列圆筛藻
	波状辐裥藻		距端假管藻		透明辐杆藻		覆瓦根管藻
	波状石丝藻		卡氏角毛藻		网状盒形藻		刚毛根管藻
	布氏双尾藻		克尼角毛藻		威利圆筛藻		高齿状藻
	脆杆藻		劳氏角毛藻		细弱海链藻		格氏圆筛藻
	大洋角管藻		棱曲舟藻		细长列海链藻		鼓胀海链藻
	丹麦角毛藻		离心列海链藻		新月柱鞘藻		海链藻
	丹麦细柱藻		菱形海线藻		星脐圆筛藻		海洋脆杆藻
	端尖曲舟藻		菱形藻		旋链角毛藻		海洋角毛藻
	短孢角毛藻		卵形双眉藻		易变双眉藻		海洋曲舟藻
	盾卵形藻		洛氏菱形藻		易变双眉藻眼状变种		虹彩圆筛藻
	蜂腰双壁藻		密连角毛藻		翼根管藻印度变型		冕孢角毛藻

（续）

类别	物种	类别	物种	类别	物种	类别	物种
硅藻门	膜状缪氏藻	硅藻门	优美旭氏藻矮小变型	甲藻门	夜光藻	甲藻门	里昂原多甲藻
	拟螺形菱形藻		羽纹藻		新月李甲藻		渐尖鳍藻
	扭链角毛藻		圆海链藻		小翼甲藻		灰甲原多甲藻
	诺氏海链藻		圆筛藻		线纹角藻		粗刺角藻
	派格棍形藻		圆柱角毛藻		五角原多甲藻		叉状角藻
	琴式菱形藻		窄隙角毛藻		微小原甲藻		扁平原多甲藻
	琼氏圆筛藻		长菱形藻		梭角藻	金藻门	小等刺硅鞭藻
	曲舟藻		长菱形藻中国变种		斯氏扁甲藻		隐藻
	柔弱几内亚藻		掌状冠盖藻		实角原多甲藻	蓝藻门	念珠藻
	柔弱角毛藻		针杆藻		三角角藻	隐藻门	隐藻
	柔弱伪菱形藻		正盒形藻		墨西哥原甲藻	绿藻门	盘星藻
	优美辐杆藻				裸甲藻		

（二）优势种

生物群落中，在数量或生物量占据优势的少数优势种群，对群落的发生具有强大的控制作用，并决定着群落的性质。以 $Y>0.02$ 计，选定浮游植物群落优势种，黄河口及邻近海域春季浮游植物优势种为斯氏几内亚藻、细弱圆筛藻和翼骨管藻。夏季为细弱圆筛藻、中肋骨条藻和佛氏海丝藻；秋季为细弱圆筛藻、中肋骨条藻和大洋角管藻；冬季为中肋骨条藻、加拉星平藻和鼓胀海链藻。

（三）群落栖息密度

黄河口及邻近海域浮游植物细胞数介于 $(0.27\sim256.45)\times10^4$ 个/m³，平均值为 27.94×10^4 个/m³。浮游植物细胞数伴随季节演替呈显著变化，各季节细胞数差异为：冬季＞秋季＞夏季＞春季。浮游植物细胞个数空间分布不均匀，于调查海域北部，浮游植物数量较多，南部靠近河口区域浮游植物细胞个数较少。

（四）生物多样性

所有调查站位中：16％站位的浮游植物 Shannon-Wiener 指数大于 2；62％站位的浮游植物 Shannon-Wiener 指数介于 1 和 2；22％站位的浮游植物 Shannon-Wiener 指数小于 1。表明黄河口及邻近海域浮游植物群落生物多样性不高，生态系统相对较为脆弱。

二、浮游动物种类组成及群落结构特征

(一) 种类组成

调查发现，黄河口及邻近海域浮游动物共计 88 种。其中，桡足类最多，为 34 种，约占总数的 38.64%；其次为浮游的动物幼体，为 22 种，约占 25%；再次为腔肠动物，为 12 种，约占 13.64%；然后为糠虾类，为 4 种，约占 4.54%；其后为翼足类、双壳类、十足类、被囊类和涟虫类，各 2 种，共占约 11.36%；最后为原生动物、毛颚类、浮游类、端足类、介形类和枝角类，各 1 种，共占约 6.82%。不同季节物种数大小顺序为夏季（45 种）＞秋季（43 种）＞春季（38 种）＞冬季（35 种），基本与温度变化趋势一致（表 1-3，表 1-4）。

表 1-3　黄河口及邻近海域浮游动物物种数量（种）

类别	春季	夏季	秋季	冬季	总计
原生动物	1	1	1	1	1
腔肠动物	8	6	4	1	12
桡足类	14	18	16	20	34
糠虾类	2	0	3	2	4
翼足类	1	1	0	0	2
毛颚类	1	1	1	1	1
双壳类	2	0	0	0	2
浮游类	1	0	0	0	1
十足类	0	1	2	0	2
被囊类	0	0	2	1	2
端足类	0	0	0	1	1
介形类	0	0	1	0	1
涟虫类	0	0	1	2	2
枝角类	0	1	0	0	1
浮游幼体	8	16	11	5	22
总计	38	45	43	35	88

表 1-4　黄河口及邻近海域浮游动物名录

类别	物种	类别	物种	类别	物种
原生动物	夜光虫		缘齿厚壳水蚤	被囊类	异体住囊虫
腔肠动物	八斑芮氏水母		长刺长腹剑水蚤		缪勒海樽克氏亚钟
	杯水母属		真刺唇角水蚤	端足类	底栖端足类
	灯塔水母		中华哲水蚤	介形类	介形类
	耳状囊水母		锥形宽水蚤	涟虫类	针尾涟虫
	和平水母属		中华哲水蚤		三叶针尾涟虫
	拟杯水母		背针胸刺水蚤	枝角类	肥胖三角溞
	球型侧腕水母		边缘大眼剑水蚤	浮游幼体	长尾类幼体
	嵊山杯水母	桡足类	叉胸刺水蚤		阿利玛幼体
	薮枝水母属		唇角水蚤属		磁蟹溞状幼体
	五角管水母		刺尾角水蚤		短尾类大眼幼体
	锡兰和平水母		刺尾歪水蚤		短尾类溞状幼体
	小介穗水母		纺锤水蚤属		多毛类幼体
桡足类	精致真刺水蚤		腹针胸刺水蚤		纺锤水蚤幼体
	克氏纺锤水蚤		海洋伪镖水蚤		海星幼体
	隆剑水蚤属		捷氏歪水蚤		糠虾幼体
	猛水蚤目		近缘大眼剑水蚤		六肢幼体
	拟长腹剑水蚤	糠虾类	日本新糠虾		蔓足类无节幼体
	拟哲水蚤属		长额刺糠虾		桡足类幼体
	钳形歪水蚤		粗糙刺糠虾		舌贝幼虫（腕足类）
	强额拟哲水蚤		黄海刺糠虾		双壳幼虫（苔藓动物）
	强真哲水蚤	翼足类	翼足类		无节幼体（桡足类）
	瘦长胸刺水蚤	毛颚类	强壮箭虫		莹虾幼体
	双刺唇角水蚤	双壳类	双壳类幼体		幼螺
	太平洋纺锤水蚤		幼蟹		鱼卵
	太平洋真宽水蚤	浮游类	浮游生物卵		仔鱼
	汤氏长足水蚤				长腕幼虫（海胆纲）
	细巧华哲水蚤	十足类	中国毛虾		长腕幼虫（蛇尾纲）
	小拟哲水蚤				
	羽长腹剑水蚤		细螯虾		长尾类幼体

（二）优势种

在生物群落中，在数量或生物量占据优势的少数优势种群，对群落的发生具有强大的控制作用，并决定着群落的性质。以 $Y > 0.02$ 计，界定浮游动物群落优势种，黄河口及邻近海域不同季节优势种构成见表1-5。

表1-5　黄河口及邻近海域不同季节浮游动物优势种构成

时间	优势种	类别
春季	夜光虫	原生动物
	中华哲水蚤	桡足类
	强壮箭虫	毛颚类
	长尾类幼体	浮游幼体
夏季	拟哲水蚤属	
	强额拟哲水蚤	
	背针胸刺水蚤	桡足类
	拟长腹剑水蚤	
	双刺唇角水蚤	
	强壮箭虫	毛颚类
	双壳幼虫（苔藓动物）	浮游幼体
秋季	夜光虫	原生动物
	背针胸刺水蚤	桡足类
	中华哲水蚤	
	强壮箭虫	毛颚类
冬季	夜光虫	原生动物
	纺锤水蚤属	桡足类
	拟长腹剑水蚤	
	强壮箭虫	毛颚类
	六肢幼体	浮游幼体

（三）群落栖息密度

黄河口及邻近海域浮游动物栖息密度介于 $(0.18 \sim 2.55) \times 10^2$ 个/m^3，平均值为 1.04×10^2 个/m^3。浮游动物栖息密度伴随季节演替呈显著变化，栖息密度大小顺序为：

春季＞夏季＞秋季＞冬季。浮游动物栖息密度的空间分布不均匀：春季于河口两侧形成高密度漩涡且向远海逐渐降低；夏季于河口右侧至远端逐步形成高密度漩涡状分布；秋季于河口右侧存在高密度的漩涡状分布，冬季则在河口左侧存在相对高密度的漩涡状分布。

（四）生物多样性

所有调查站位中：5.06％站位的浮游动物 Shannon-Wiener 指数高于3；18.18％站位的浮游动物 Shannon-Wiener 指数介于2和3；27.27％站位的浮游动物 Shannon-Wiener 指数介于1和2；49.49％站位的浮游动物 Shannon-Wiener 指数小于1。表明黄河口及邻近海域浮游动物群落生物多样性偏低，生态系统较为脆弱。

第五节　海洋沉积环境

滩涂是水陆交替的两相地带，是陆地上各种营力与潮流、波浪、沿岸流等海洋营力相互作用的地区。滩涂的底质是各种环境因素综合作用的结果，底质的土壤颗粒组成以及海水——底质界面处的物理、化学等一系列环境因素是滩涂生物栖息生存的重要条件，而贝类对其生活环境特别是底质结构，能够产生明显的生物学作用。底栖生物（包括贝类在内）与生物环境以及非生物环境，构成了具有特定结构和功能的滩涂生态系统。在这个系统中，生物量及其栖息密度的变化在很大程度上是由栖息环境条件所决定的，滩涂的底质类型直接影响着贝类的生长、繁殖、分布、种类组成和生态特点。

黄河口近岸多属于淤泥质海岸，特殊的海洋底质类型为众多海洋生物（包括贝类）提供了优良的栖息场所。但其地处渤海湾南部和莱州湾西岸，渤海是一个半封闭浅海，水体交换能力弱，对污染物的自净能力较差。近年来，黄河、小清河等众多河流的注入以及沿岸城市化、工业化和农业的快速发展，导致大量陆源污染物输入黄河口海域，而其中的重金属污染物易通过复杂的物化过程吸附于悬浮颗粒物并随之沉降于河口及其周边海域。贝类的滤食性摄食习性和存在缺陷的代谢系统，使得这些污染物极易进入体内并得到累积。而人摄食这些富集重金属的贝类海产品后会严重影响身体健康，甚至死亡。

本书对于黄河口及邻近海域海洋沉积环境的描述，采用了课题组2013年5月在黄河口滩涂的表层沉积物监测结果，以及2015年5月在黄河口浅海（0～-6 m）的表层沉积物监测结果。滩涂表层沉积物采样时，共设置13条断面37个站位（高潮区、中潮区、低潮区各设置1个站位，按照"断面序号＋潮区"法命名）（图1-3）；浅海（0～-6 m）表层沉积物采样时，共设置12条断面35个站位（-1.5 m、-3 m和-5 m处各设置1个站位，按照"断面序号＋水深"法命名，水深用数字1、2、3表示，分别代表-1.5m、-3m、-5m等深浅）（图1-4）。

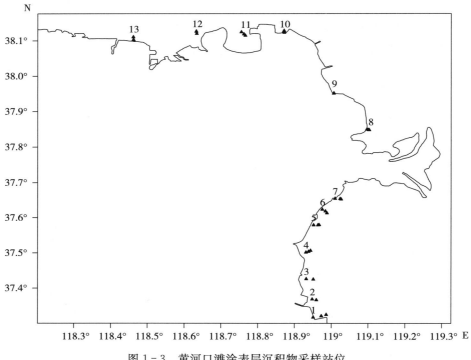

图 1-3 黄河口滩涂表层沉积物采样站位

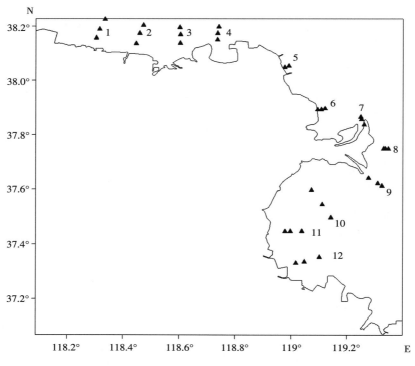

图 1-4 黄河口浅海（0～-6 m）表层沉积物采样站位

一、滩涂底质类型及分布

黄河口滩涂表层沉积物的粒度组成如图 1-5 所示，根据底质沙（sand）、粉沙（silt）和黏土（clay）的含量，对底质类型进行了划分。根据 Shepard 沉积物分类方法，将底质类型划分为粉沙质沙、沙质粉沙和粉沙，各类型分别占所有调查站位的 29.73%、56.76% 和 13.51%。监测结果显示，黄河口滩涂高潮区以沙质粉沙为主、中潮区以沙质粉沙和粉沙质沙为主，低潮区以沙质粉沙为主。本次调查海域中，位于黄河以北至东营港之间的 8 号、9 号和 10 号断面，以及位于黄河南岸的 5 号、6 号断面的高潮区、中潮区、低潮区的底质类型均为沙质粉沙。

中值粒径是表征沉积物粒度大小的常用指标，它指的是样品的累计粒度分布百分数达 50% 时所对应的粒径。调查区域沉积物粒度的中值粒径如图 1-5 所示，黄河口滩涂表层沉积物中值粒径变化范围为 3.29～5.90 μm。

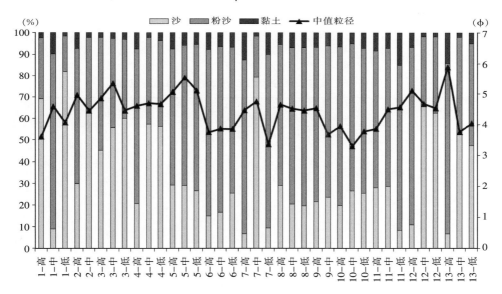

图 1-5　黄河口滩涂表层沉积物粒度组成

（沙：粒径＞62.5 μm；粉沙：粒径 3.9～62.5 μm；黏土：粒径＜3.9 μm）

二、滩涂重金属元素含量及分布

表 1-6 为黄河口滩涂表层沉积物重金属含量的统计结果。黄河口及邻近海域主要为海洋渔业水域和海洋自然保护区，参照《海洋沉积物质量标准》（GB 18668—2002）对于海洋渔业水域和海洋自然保护区要求，可知黄河口滩涂除重金属铬（Cr）有部分站位超

出国家海洋沉积物质量Ⅰ类标准范围，其他重金属含量均在国家海洋沉积物质量Ⅰ类标准范围以内。

（1）重金属铬（Cr）　Cr 含量的变化范围为 52.52～93.59 μg/g，其中，有 8.11% 的站位超过国家海洋沉积物质量Ⅰ类标准范围，超标站位分别是 1-低、3-低、7-中，含量分别为 93.59 μg/g、89.17 μg/g 和 81.08 μg/g。1-低站位和 3-低站位分别位于滩涂的低潮区；站位 7-中位于滩涂的中潮区。站位 1-低分布的岸段附近有小清河注入，3-低站位分布的岸段附近有永丰河和广利河两条河流注入，7-中站位分布的岸段附近有咸水沟注入。

（2）重金属锌（Zn）　Zn 含量的变化范围为 36.87～71.47 μg/g，最大值为 13-低站位，最小值为 1-中站位。

（3）重金属铜（Cu）　Cn 含量的变化范围为 11.56～23.37 μg/g，最大值为 13-低站位，最小值为 1-中站位。

（4）重金属镉（Cd）　Cd 含量的变化范围为 0.10～0.23 μg/g，最大值为 1-低站位，最小值为 14-高站位。

（5）重金属铅（Pb）　Pb 含量的变化范围为 14.03～21.43 μg/g，最大值为 13-低站位，最小值为 11-中站位。

表 1-6　黄河口滩涂表层沉积物中重金属元素含量

项　目	Cr	Zn	Cu	Cd	Pb
变化范围（μg/g）	52.52～93.59	36.87～71.47	11.56～23.37	0.10～0.23	14.03～21.43
平均值（μg/g）	65.51	49.29	15.77	0.15	17.22
Ⅰ类标准（μg/g）	80.0	150.0	35.0	0.50	60.0
超标率（%）	8.11	0	0	0	0

三、浅海（0～-6 m）底质类型及分布

黄河口浅海（0～-6 m）表层沉积物的粒度组成如图 1-6 所示，根据 Shepard 沉积物分类方法，将浅海（0～-6 m）底质类型划分为沙、粉沙质沙、沙质粉沙、粉沙和黏土质粉沙 5 种类型，各类型分别占所有调查站位的 11.42%、40.00%、42.86%、2.86% 和 2.86%。上述监测结果表明，黄河口浅海（0～-6 m）与滩涂区的底质类型均以沙质粉沙和粉沙质沙为主。

黄河口浅海（0～-6 m）区域沉积物粒度的中值粒径如图 1-6 所示，表层沉积物中值粒径变化范围为 2.991～6.659 μm。

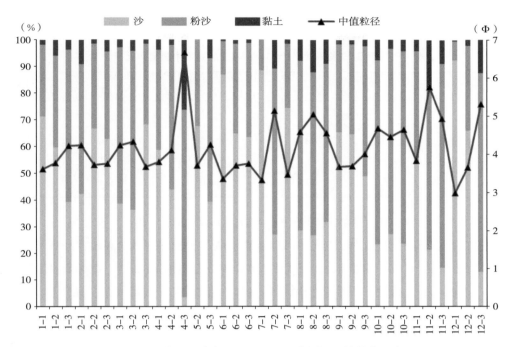

图 1-6　黄河口浅海（0～-6 m）表层沉积物粒度组成

（沙：粒径＞62.5 μm；粉沙：粒径 3.9～62.5 μm；黏土：粒径＜3.9 μm）

四、浅海（0～-6 m）重金属元素含量及分布

黄河口浅海（0～-6 m）表层沉积物重金属含量的统计结果见表 1-7。黄河口及邻近海域主要为海洋渔业水域和海洋自然保护区，参照《海洋沉积物质量标准》（GB 18668—2002）对于海洋渔业水域和海洋自然保护区要求，可知黄河口浅海（0～-6 m）除重金属（Cr）和铜（Cu）有部分站位超出国家海洋沉积物质量Ⅰ类标准范围外，其他重金属含量均在国家海洋沉积物质量Ⅰ类标准范围以内。

（1）重金属铬（Cr）　Cr 含量的变化范围为 28.14～96.09 μg/g，其中，有 8.57% 的站位超过国家海洋沉积物质量Ⅰ类标准范围，超标站位分别是 3-3、4-1 和 5-2，含量分别为 80.98 μg/g、84.34 μg/g 和 96.09 μg/g，最小值为 10-2 站位。

（2）重金属锌（Zn）　Zn 含量的变化范围为 5.60～100.84 μg/g，最大值为 3-3 站位，最小值为 10-2 站位。

（3）重金属铜（Cu）　Cu 含量的变化范围为 0.60～36.31 μg/g，最大值为 3-3 站位，最小值为 10-2 站位。

（4）重金属镉（Cd）　Cd 含量的变化范围为 0.01～0.23 μg/g，最大值为 6-3 站位，最小值为 10-2 站位。

（5）重金属铅（Pb）　Pb含量的变化范围为2.74～29.63 $\mu g/g$，最大值为3-3站位，最小值为10-2站位。

表1-7　黄河口浅海（0～-6 m）表层沉积物中重金属元素含量

项　目	Cr	Zn	Cu	Cd	Pb
变化范围（$\mu g/g$）	28.14～96.09	5.60～100.84	0.60～36.31	0.01～0.23	2.74～29.63
平均值（$\mu g/g$）	61.74	48.42	15.87	0.15	18.62
Ⅰ类标准（$\mu g/g$）	80.0	150.0	35.0	0.50	60.0
超标率（%）	8.57	0	2.86%	0	0

　　与国内其他潮滩相比，本次测得黄河口滩涂及浅海（0～-6 m）重金属Zn、Cu、Cd和Pb的含量均处于较低水平，说明黄河口近岸水域沉积物受到重金属的污染程度较低。

　　研究表明，随着沉积物颗粒由粗到细，重金属含量相应增加。一般解释为沉积物颗粒越细，接触表面积越大，因而能吸附的重金属含量就越高；但是在粒径＞62.5 μm部分，重金属含量又有增高的趋势，这可能是由于在较粗的颗粒中，碎屑矿物本身富含重金属的缘故。通常认为，沉积物中黏土部分具有相对较高的表面积和吸附交换能力，因此，重金属基本附存在黏土部分，细粉沙其次，粗粉沙中重金属含量较少。对于黄河这样的含沙量高、污染又不太严重的河流，其沉积物重金属基本都富集在极细沙和粉沙部分。本次调查结果中，黄河口滩涂及浅海（0～-6 m）表层沉积物主要类型为沙质粉沙和粉沙质沙，重金属元素除Cr和Cu外，其余含量均在Ⅰ类标准范围内，受污染程度较低。

第二章
黄河口滩涂
贝类资源

　　2013 年 5 月（春季）、8 月（夏季）、10 月（秋季）和 2014 年 2 月（冬季）四个季节在黄河口滩涂（岸线至 0 m 等深线）进行了贝类资源调查，共设定 18 个调查断面（图 2-1），每个断面在高潮区、中潮区、低潮区各设置 1 个站位（按照"断面序号＋潮区"命名），共 54 个站位，每个站位随机取样 3 次。本次调查共鉴定出贝类 36 种，占滩涂大型底栖生物种类数的 60%，隶属 2 纲 10 目 25 科 31 属。调查中出现的主要贝类品种，包括彩虹明樱蛤和红明樱蛤、四角蛤蜊、光滑河篮蛤、秀丽织纹螺、托氏蜎螺、泥螺等。

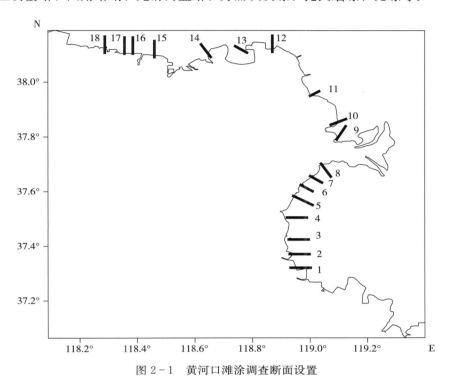

图 2-1　黄河口滩涂调查断面设置

第一节　种类组成

一、资源结构

　　2013 年 5 月（春季）、8 月（夏季）、10 月（秋季）、2014 年 2 月（冬季）的定性和定量调查结果发现，黄河口滩涂贝类种类共计 36 种，占滩涂大型底栖动物种类总数的 60%（图 2-2），隶属于 2 纲 10 目 25 科 31 属。其中，双壳纲 20 种，约占滩涂贝类种类总数的 55.6%；腹足纲 16 种，约占滩涂贝类种类总数的 44.4%。

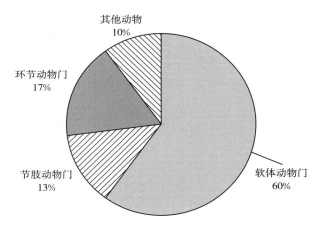

图 2-2　黄河口滩涂大型底栖生物种类构成

（1）根据经济品质高低分类　可将黄河口贝类资源分成经济价值较高、经济价值中等和经济价值较低三种类型。其中，经济价值较高的贝类有 14 种，约占滩涂贝类种类总数的 38.9%，主要品种有青蛤、文蛤、毛蚶、脉红螺、长竹蛏、微黄镰玉螺、扁玉螺等；经济价值中等的贝类有 10 种，约占滩涂贝类种类总数的 27.8%，主要品种有彩虹明樱蛤、日本镜蛤、凸壳肌蛤、白带笋螺、古氏滩栖螺、托氏蝠螺等；经济价值较低的贝类有 12 种，约占滩涂贝类种类总数的 33.3%，主要品种有红明樱蛤、焦河篮蛤、橄榄胡桃蛤、纵肋织纹螺、琵琶拟沼螺、中间拟滨螺等。

（2）根据贝类对环境水温适应能力的生态特征分类　可将黄河口滩涂贝类大致分为广温广布种、温带种、冷水性种三种生态类型。其中，广温广布种贝类 31 种，约占滩涂贝类种类总数的 86.1%；温带种 4 种，约占滩涂贝类种类总数的 11.1%；冷水性种 1 种，约占滩涂贝类种类总数的 2.8%（表 2-1）。

表 2-1　黄河口滩涂贝类资源结构

季节	种类数（种）	分类			经济价值			适温性		
		目	科	属	较高	中等	较低	广温广布种	温带种	冷水性种
春季	20	7	14	18	10	5	5	19	1	0
夏季	21	8	16	19	9	5	7	19	1	1
秋季	15	6	12	14	7	4	4	15	0	0
冬季	20	6	15	19	8	6	6	19	1	0

在春季定量调查中，共发现贝类 20 种。其中，经济价值较高的贝类有 10 种，占春季滩涂贝类种类总数的 50%；经济价值中等的贝类有 5 种，占春季滩涂贝类种类总数的 25%；经济价值较低的贝类有 5 种，占春季滩涂贝类种类总数的 25%。在春季滩涂资源调查中，发现广温广布种 19 种，占春季滩涂贝类种类总数的 95%；温带种 1 种，占春季

滩涂贝类种类总数的 5%。

在夏季定量调查中，共发现贝类 21 种。其中，经济价值较高的贝类有 9 种，约占夏季滩涂贝类种类总数的 42.9%；经济价值中等的贝类有 5 种，约占夏季滩涂贝类种类总数的 23.8%；经济价值较低的贝类有 7 种，约占夏季滩涂贝类种类总数的 33.3%。在夏季滩涂资源调查中，发现广温广布种 19 种，约占夏季滩涂贝类种类总数的 90.5%；温带种和冷水性种各 1 种，分别约占夏季滩涂贝类种类总数的 4.75%。

在秋季定量调查中，共发现贝类 15 种。其中，经济价值较高的贝类有 7 种，约占秋季滩涂贝类种类总数的 46.7%；经济价值中等的贝类和经济价值较低的贝类各有 4 种，分别约占秋季滩涂贝类种类总数的 26.65%。在秋季滩涂资源调查中，发现广温广布种 15 种，未发现其他类型的适温种。

在冬季定量调查中，共发现贝类 20 种。其中，经济价值较高的贝类有 8 种，占冬季滩涂贝类种类总数的 40%；经济价值中等的贝类和经济价值较低的贝类各有 6 种，分别约占冬季滩涂贝类种类总数的 30%。在冬季滩涂资源调查中，发现广温广布种 19 种，占冬季滩涂贝类种类总数的 95%；温带种 1 种，占冬季滩涂贝类种类总数的 5%。

二、出现频次组成

春季定量调查共发现贝类 20 种。其中，双壳纲 12 种，占种类组成的 60%；腹足纲 8 种，占种类组成的 40%。54 个调查站位中，出现频度≥30% 的贝类有 7 种，分别是彩虹明樱蛤和红明樱蛤（共 90.74%）、四角蛤蜊（57.41%）、泥螺（46.30%）、托氏蜎螺（37.04%）、光滑河篮蛤（33.33%）、秀丽织纹螺（33.33%）。价值较高的重要经济种文蛤和青蛤的出现频率仅分别为 16.67% 和 11.11%。

夏季定量调查共发现贝类 21 种。其中，双壳纲 13 种，约占种类组成的 62%；腹足纲 8 种，约占种类组成的 38%。54 个调查站位中，出现频度≥30% 的贝类有 6 种，分别是彩虹明樱蛤和红明樱蛤（共 88.89%）、光滑河篮蛤（68.52%）、四角蛤蜊（42.59%）、泥螺（42.59%）、托氏蜎螺（33.33%）。在春季调查中出现频次较高的秀丽织纹螺，在夏季调查中的出现频次也接近了 30%，为 29.63%；而价值较高的重要经济种文蛤和青蛤的出现频率仍然较低，仅分别为 16.67% 和 14.81%。

秋季定量调查共发现贝类 15 种。其中，双壳纲 8 种，约占种类组成的 53.3%；腹足纲 7 种，约占种类组成的 46.7%。54 个调查站位中，出现频度≥30% 的贝类有 6 种，分别是彩虹明樱蛤和红明樱蛤（共 81.48%）、光滑河篮蛤（66.67%）、四角蛤蜊（40.74%）、托氏蜎螺（35.19%）、秀丽织纹螺（31.48%）。在春季和夏季调查中出现频次较高的泥螺，在秋季调查中的出现频次下降为 24.07%；而价值较高的重要经济种文蛤和青蛤的出现频率仍然较低，仅分别为 16.67% 和 12.96%。

冬季定量调查共发现贝类 20 种。其中，双壳纲 10 种，占种类组成的 50%；腹足纲 10 种，占种类组成的 50%。54 个调查站位中，出现频度≥30% 的贝类有 6 种，分别是彩虹明樱蛤和红明樱蛤（共 81.48%）、四角蛤蜊（55.56%）、光滑河篮蛤（51.85%）、秀丽织纹螺（37.04%）、托氏蜎螺（31.48%）。在春季、夏季和秋季调查中出现频次趋势走低的泥螺，在冬季调查中的出现频次保持下降趋势，仅为 14.81%；而价值较高的重要经济种文蛤和青蛤的出现频率仍然较低，同其他三个季节差别不大，仅分别为 16.67% 和 12.96%。

从春、夏、秋、冬四季的调查结果来看，黄河口滩涂四季出现频率较高的主要贝类种类，包括彩虹明樱蛤、红明樱蛤、四角蛤蜊、光滑河篮蛤、秀丽织纹螺、托氏蜎螺，各种类出现频次均在 25% 以上；而价值较高的重要经济种文蛤和青蛤的出现频率较低，不足 20%。

三、重量组成

春季定量调查共发现贝类 20 种。其中，个体种类重量比例超过 5.000%（理论平均值）的种类有 4 种，分别是四角蛤蜊（62.308%）、彩虹明樱蛤和红明樱蛤（共 15.599%）、托氏蜎螺（6.101%），以上 4 种贝类占春季贝类总重量的 84.008%（表 2 - 2）。

夏季定量调查共发现贝类 21 种。其中，个体种类重量比例超过 4.761%（理论平均值）的种类有 8 种，分别是四角蛤蜊（29.800%）、光滑河篮蛤（25.795%）、焦河篮蛤（10.860%）、文蛤（7.982%）、彩虹明樱蛤和红明樱蛤（共 7.646%）、泥螺（5.796%）、托氏蜎螺（5.515%），以上 8 种贝类占夏季贝类总重量的 93.394%（表 2 - 2）。

秋季定量调查共发现贝类 15 种。其中，个体种类重量比例超过 6.667%（理论平均值）的种类有 5 种，分别是四角蛤蜊（53.594%）、光滑河篮蛤（15.861%）、文蛤（10.289%）、彩虹明樱蛤和红明樱蛤（共 10.096%），以上 5 种贝类占秋季贝类总重量的 89.840%（表 2 - 2）。

冬季定量调查共发现贝类 21 种。其中，个体种类重量比例超过 4.762%（理论平均值）的种类有 4 种，分别是四角蛤蜊（71.023%）、文蛤（12.235%）、彩虹明樱蛤和红明樱蛤（共 6.827%），以上 4 种贝类占冬季贝类总重量的 90.085%（表 2 - 2）。

表 2 - 2　黄河口滩涂贝类重量组成

春季		夏季		秋季		冬季	
种类	百分比（%）	种类	百分比（%）	种类	百分比（%）	种类	百分比（%）
四角蛤蜊	62.308	四角蛤蜊	29.800	四角蛤蜊	53.594	四角蛤蜊	71.023
彩虹明樱蛤和红明樱蛤	15.599	光滑河篮蛤	25.795	光滑河篮蛤	15.861	文蛤	12.235

（续）

春季		夏季		秋季		冬季	
种类	百分比（%）	种类	百分比（%）	种类	百分比（%）	种类	百分比（%）
托氏蜎螺	6.101	焦河篮蛤	10.860	文蛤	10.289	彩虹明樱蛤和红明樱蛤	6.827
泥螺	4.878	文蛤	7.982	彩虹明樱蛤和红明樱蛤	10.096	光滑河篮蛤	3.289
文蛤	4.113	彩虹明樱蛤和红明樱蛤	7.646	托氏蜎螺	5.13	托氏蜎螺	2.37
青蛤	2.820	泥螺	5.796	泥螺	1.709	青蛤	1.369
古氏滩栖螺	1.409	托氏蜎螺	5.515	古氏滩栖螺	0.88	泥螺	0.669
光滑河篮蛤	0.700	青蛤	2.325	琵琶拟沼螺	0.785	古氏滩栖螺	0.574
菲律宾蛤仔	0.413	琵琶拟沼螺	1.132	秀丽织纹螺	0.682	秀丽织纹螺	0.511
毛蚶	0.407	日本镜蛤	0.806	青蛤	0.648	菲律宾蛤仔	0.451
秀丽织纹螺	0.402	古氏滩栖螺	0.700	菲律宾蛤仔	0.134	琵琶拟沼螺	0.252
日本镜蛤	0.324	秀丽织纹螺	0.665	白带笋螺	0.073	扁玉螺	0.177
渤海鸭嘴蛤	0.255	白带笋螺	0.262	微黄镰玉螺	0.071	日本镜蛤	0.128
扁玉螺	0.098	缢蛏	0.170	渤海鸭嘴蛤	0.048	白带笋螺	0.058
白带笋螺	0.073	薄壳绿螂	0.154			光滑狭口螺	0.031
缢蛏	0.032	扁玉螺	0.130			渤海鸭嘴蛤	0.017
琵琶拟沼螺	0.032	渤海鸭嘴蛤	0.113			长竹蛏	0.012
焦河篮蛤	0.023	毛蚶	0.103			丽核螺	0.006
微黄镰玉螺	0.013	微黄镰玉螺	0.040			微黄镰玉螺	0.001
		橄榄胡桃蛤	0.006				

四、数量组成

春季定量调查共发现贝类 20 种。其中，个体种类数量比例超过 1% 的种类有 4 种，分别是彩虹明樱蛤和红明樱蛤（共 95.871%）、泥螺（1.075%）、托氏蜎螺（1.016%），以上 4 种贝类占春季贝类总数量的 97.962%（表 2-3）。

夏季定量调查共发现贝类 21 种。其中，个体种类数量比例超过 1% 的种类有 9 种，分别是光滑河篮蛤（64.868%）、琵琶拟沼螺（10.973%）、彩虹明樱蛤和红明樱蛤（共 8.921%）、焦河篮蛤（4.967%）、四角蛤蜊（2.516%）、托氏蜎螺（2.325%）、文蛤

（2.199%）、薄壳绿螂（1.261%），以上9种贝类占夏季贝类总数量的98.030%（表2-3）。

秋季定量调查共发现贝类15种。其中，个体种类数量比例超过1%的种类有7种，分别是光滑河篮蛤（50.443%）、彩虹明樱蛤和红明樱蛤（共27.885%）、琵琶拟沼螺（12.631%）、托氏蜡螺（3.643%）、四角蛤蜊（2.331%）、文蛤（1.418%），以上7种贝类占秋季贝类总数量的98.351%（表2-3）。

冬季定量调查共发现贝类20种。其中，个体种类数量比例超过1%的种类有9种，分别是彩虹明樱蛤和红明樱蛤（共37.830%）、光滑河篮蛤（29.526%）、琵琶拟沼螺（10.277%）、文蛤（7.558%）、四角蛤蜊（7.111%）、托氏蜡螺（4.057%）、光滑狭口螺（1.161%）、秀丽织纹螺（1.066%），以上9种贝类占冬季贝类总数量的98.616%（表2-3）。

表2-3 黄河口滩涂贝类数量组成

春季		夏季		秋季		冬季	
种类	百分比（%）	种类	百分比（%）	种类	百分比（%）	种类	百分比（%）
彩虹明樱蛤和红明樱蛤	95.871	光滑河篮蛤	64.868	光滑河篮蛤	50.443	彩虹明樱蛤和红明樱蛤	37.83
泥螺	1.075	琵琶拟沼螺	10.973	彩虹明樱蛤和红明樱蛤	27.885	光滑河篮蛤	29.526
托氏蜡螺	1.016	彩虹明樱蛤和红明樱蛤	8.921	琵琶拟沼螺	12.631	琵琶拟沼螺	10.277
四角蛤蜊	0.665	焦河篮蛤	4.967	托氏蜡螺	3.643	文蛤	7.588
光滑河篮蛤	0.463	四角蛤蜊	2.516	四角蛤蜊	2.331	四角蛤蜊	7.111
文蛤	0.444	托氏蜡螺	2.325	文蛤	1.418	托氏蜡螺	4.057
琵琶拟沼螺	0.145	文蛤	2.199	秀丽织纹螺	0.594	光滑狭口螺	1.161
古氏滩栖螺	0.134	薄壳绿螂	1.261	古氏滩栖螺	0.443	秀丽织纹螺	1.066
秀丽织纹螺	0.062	泥螺	0.661	泥螺	0.302	古氏滩栖螺	0.652
渤海鸭嘴蛤	0.038	秀丽织纹螺	0.57	青蛤	0.115	泥螺	0.239
青蛤	0.017	古氏滩栖螺	0.287	白带笋螺	0.098	青蛤	0.191
白带笋螺	0.015	白带笋螺	0.257	微黄镰玉螺	0.044	菲律宾蛤仔	0.079
微黄镰玉螺	0.015	青蛤	0.05	渤海鸭嘴蛤	0.044	白带笋螺	0.079
菲律宾蛤仔	0.011	日本镜蛤	0.045	菲律宾蛤仔	0.009	扁玉螺	0.032
日本镜蛤	0.009	渤海鸭嘴蛤	0.04			渤海鸭嘴蛤	0.032
扁玉螺	0.008	扁玉螺	0.025			长竹蛏	0.032
缢蛏	0.006	微黄镰玉螺	0.02			日本镜蛤	0.016

（续）

春季		夏季		秋季		冬季	
种类	百分比（%）	种类	百分比（%）	种类	百分比（%）	种类	百分比（%）
焦河篮蛤	0.004	缢蛏	0.005			丽核螺	0.016
毛蚶	0.002	毛蚶	0.005			微黄镰玉螺	0.016
		橄榄胡桃蛤	0.005				

五、空间分布

（一）春季

春季，高潮区、中潮区、低潮区定量调查共发现贝类20种。54个调查站位中，各站位发现的贝类种类数为0～9种，平均值为4.69种。种类数最大值位于站位2-中，为9种；最小值位于7-高站位和11-高站位，均为0。高潮区定量调查共发现贝类12种，其中，双壳纲7种，约占高潮区种类组成的58.3%；腹足纲5种，约占41.7%。高潮区出现频度贝类种类依次是：彩虹明樱蛤和红明樱蛤（共77.78%）、泥螺（72.22%）光滑河篮蛤（27.78%）、托氏蜎螺（27.78%）、四角蛤蜊（22.22%）。中潮区定量调查共发现贝类14种，其中，双壳纲9种，约占中潮区种类组成的64.3%；腹足纲5种，约占35.7%。中潮区各贝类出现频度，除扁玉螺（5.56%），彩虹明樱蛤和红明樱蛤（共16.67%）外，其余各种贝类的出现频度均为16.67%。低潮区定量调查共发现贝类18种，其中，双壳纲12种，约占低潮区种类组成的66.7%；腹足纲6种，约占33.3%。低潮区出现频度排名靠前的贝类种类依次是：彩虹明樱蛤和红明樱蛤（共94.44%）、四角蛤蜊（77.78%）、秀丽织纹螺（44.44%）、光滑河篮蛤（27.78%）、托氏蜎螺（27.78%）。春季各潮区贝类种类出现频度见表2-4。

表2-4 黄河口滩涂春季各潮区贝类出现频度

高潮区		中潮区		低潮区	
种名	出现频度（%）	种名	出现频度（%）	种名	出现频度（%）
彩虹明樱蛤和红明樱蛤	77.78	彩虹明樱蛤和红明樱蛤	16.67	彩虹明樱蛤和红明樱蛤	94.44
泥螺	72.22	泥螺	16.67	四角蛤蜊	77.78
光滑河篮蛤	27.78	光滑河篮蛤	16.67	秀丽织纹螺	44.44
托氏蜎螺	27.78	托氏蜎螺	16.67	光滑河篮蛤	27.78

（续）

高潮区		中潮区		低潮区	
种名	出现频度（%）	种名	出现频度（%）	种名	出现频度（%）
四角蛤蜊	22.22	四角蛤蜊	16.67	托氏䗴螺	27.78
琵琶拟沼螺	16.67	菲律宾蛤仔	16.67	泥螺	22.22
青蛤	11.11	青蛤	16.67	文蛤	22.22
秀丽织纹螺	11.11	秀丽织纹螺	16.67	扁玉螺	16.67
微黄镰玉螺	11.11	微黄镰玉螺	16.67	青蛤	11.11
缢蛏	5.56	缢蛏	16.67	缢蛏	11.11
渤海鸭嘴蛤	5.56	文蛤	16.67	白带笋螺	11.11
		毛蚶	16.67	毛蚶	5.56
		扁玉螺	5.56	菲律宾蛤仔	5.56
				古氏滩栖螺	5.56
				日本镜蛤	5.56
				渤海鸭嘴蛤	5.56
				焦河篮蛤	5.56

（二）夏季

夏季，高潮区、中潮区、低潮区定量调查共发现贝类 21 种。54 个调查站位中，各站位发现的贝类种类数为 0～11 种，平均值为 5.17 种。种类数最大值位于 18－低站位，为 11 种；最小值位于 7－高站位和 9－低站位，均为 0。高潮区定量调查共发现贝类 15 种，其中，双壳纲 8 种，约占高潮区种类组成的 53.3%；腹足纲 7 种，约占 46.7%。高潮区出现频度排名靠前的贝类种类依次是：彩虹明樱蛤和红明樱蛤（共 72.22%）、光滑河篮蛤（66.67%）、泥螺（55.56%）、托氏䗴螺（22.22%）、四角蛤蜊（22.22%）、秀丽织纹螺（22.22%）。中潮区定量调查共发现贝类 16 种，其中，双壳纲 9 种，占中潮区种类组成的 56.25%；腹足纲 7 种，占 43.75%。中潮区出现频度排名靠前的贝类种类依次是：彩虹明樱蛤和红明樱蛤（共 100%）、光滑河篮蛤（72.22%）、泥螺（55.56%）、四角蛤蜊（50%）。低潮区定量调查共发现贝类 18 种，其中，双壳纲 10 种，约占中潮区种类组成的 55.6%；腹足纲 8 种，约占 44.4%。低潮区出现频度排名靠前的贝类种类依次是：彩虹明樱蛤和红明樱蛤（共 94.44%）、光滑河篮蛤（66.67%）、四角蛤蜊（55.56%）、托氏䗴螺（38.89%）、秀丽织纹螺（38.89%）。夏季各潮区贝类种类出现频度见表 2－5。

表2-5　黄河口滩涂夏季各潮区贝类出现频度

高潮区		中潮区		低潮区	
种名	出现频度（%）	种名	出现频度（%）	种名	出现频度（%）
彩虹明樱蛤和红明樱蛤	72.22	彩虹明樱蛤和红明樱蛤	100.00	彩虹明樱蛤和红明樱蛤	94.44
光滑河篮蛤	66.67	光滑河篮蛤	72.22	光滑河篮蛤	66.67
泥螺	55.56	泥螺	55.56	四角蛤蜊	55.56
四角蛤蜊	22.22	四角蛤蜊	50.00	托氏蝐螺	38.89
托氏蝐螺	22.22	托氏蝐螺	38.89	秀丽织纹螺	38.89
秀丽织纹螺	22.22	白带笋螺	33.33	白带笋螺	33.33
琵琶拟沼螺	16.67	秀丽织纹螺	27.78	文蛤	22.22
青蛤	11.11	琵琶拟沼螺	27.78	泥螺	16.67
白带笋螺	11.11	文蛤	22.22	青蛤	16.67
微黄镰玉螺	11.11	青蛤	16.67	琵琶拟沼螺	16.67
薄壳绿螂	11.11	日本镜蛤	11.11	日本镜蛤	16.67
文蛤	5.56	缢蛏	5.56	扁玉螺	11.11
古氏滩栖螺	5.56	古氏滩栖螺	5.56	焦河篮蛤	11.11
渤海鸭嘴蛤	5.56	微黄镰玉螺	5.56	毛蚶	5.56
		橄榄胡桃蛤	5.56	古氏滩栖螺	5.56
				微黄镰玉螺	5.56
				薄壳绿螂	5.56

（三）秋季

秋季，高潮区、中潮区、低潮区定量调查共发现贝类15种。54个调查站位中，各站位发现的贝类种类数为0～8种，平均值为4.44种。种类数最大值位于18-高站位，为8种；最小值位于7-高、7-中和7-低3个站位，均为0。高潮区定量调查共发现贝类13种，其中，双壳纲7种，约占高潮区种类组成的53.8%；腹足纲6种，约占46.2%。高潮区出现频度排名靠前的贝类种类依次是：光滑河篮蛤（77.78%）、彩虹明樱蛤和红明樱蛤（共66.67%）、泥螺（38.89%）、秀丽织纹螺（27.78%）。中潮区定量调查共发现贝类14种，其中，双壳纲和腹足纲各7种，分别占中潮区种类组成的50%。中潮区出现频度排名靠前的贝类种类依次是：彩虹明樱蛤和红明樱蛤（共83.33%）、光滑河篮蛤（66.67%）、托氏蝐螺（50.00%）、四角蛤蜊（44.44%）。低潮区定量调查共发现贝类14

种，其中，双壳纲和腹足纲各 7 种，分别占低潮区种类组成的 50％。低潮区出现频度排名靠前的贝类种类依次是：彩虹明樱蛤和红明樱蛤（共 94.44％）、光滑河篮蛤（55.56％）、四角蛤蜊（55.56％）、托氏鲳螺（44.44％）、秀丽织纹螺（33.33％）。秋季各潮区贝类种类出现频度见表 2-6。

表 2-6　黄河口滩涂秋季各潮区贝类出现频度

高潮区		中潮区		低潮区	
种名	出现频度（％）	种名	出现频度（％）	种名	出现频度（％）
光滑河篮蛤	77.78	彩虹明樱蛤和红明樱蛤	83.33	彩虹明樱蛤和红明樱蛤	94.44
彩虹明樱蛤和红明樱蛤	66.67	光滑河篮蛤	66.67	光滑河篮蛤	55.56
泥螺	38.89	托氏鲳螺	50	四角蛤蜊	55.56
秀丽织纹螺	27.78	四角蛤蜊	44.44	托氏鲳螺	44.44
四角蛤蜊	22.22	秀丽织纹螺	33.33	秀丽织纹螺	33.33
琵琶拟沼螺	22.22	泥螺	27.78	白带笋螺	27.78
托氏鲳螺	11.11	琵琶拟沼螺	27.78	文蛤	22.22
渤海鸭嘴蛤	11.11	文蛤	22.22	琵琶拟沼螺	16.67
文蛤	5.56	青蛤	22.22	青蛤	11.11
青蛤	5.56	微黄镰玉螺	11.11	泥螺	5.56
古氏滩栖螺	5.56	白带笋螺	5.56	菲律宾蛤仔	5.56
微黄镰玉螺	5.56	古氏滩栖螺	5.56	古氏滩栖螺	5.56
		渤海鸭嘴蛤	5.56	微黄镰玉螺	5.56

（四）冬季

冬季，高潮区、中潮区、低潮区定量调查共发现贝类 20 种。54 个调查站位中，各站位发现的贝类种类数为 0～8 种，平均值为 4.35 种。种类数最大值位于 3-低、4-中、6-低和 16-中 4 个站位，均为 8 种；最小值位于 6-高站位，均为 0。高潮区定量调查共发现贝类 14 种，其中，双壳纲 8 种，约占高潮区种类组成的 57.1％；腹足纲 6 种，约占 42.9％。高潮区出现频度排名靠前的贝类种类依次是：彩虹明樱蛤和红明樱蛤（共 61.11％）、光滑河篮蛤（55.56％）、泥螺（27.78％）、四角蛤蜊（27.78％）、托氏鲳螺（22.22％）。中潮区定量调查共发现贝类 17 种，其中，双壳纲 8 种，约占中潮区种类组成的 47.1％；腹足纲 9 种，约占中潮区种类组成的 52.9％。中潮区出现频度排名靠前的贝类种类依次是：彩虹明樱蛤和红明樱蛤（共 94.44％）、光滑河篮蛤（55.56％）、四角蛤蛳（50%）、托氏娼螺（38.89%）。低潮区定量调查共发现贝类 15 种，其中，双壳纲 8 种，约占低潮区种类组成的 53.3%；腹足纲 7 种，约占低潮区种类组成的 46.7%。低潮区出现频度排名靠前的贝类种类依次是：彩虹明樱蛤和红明樱蛤（共 88.89%）、四角蛤蛳（88.89%）、秀丽织纹螺（72.22%）、光滑河篮蛤（44.44%）、托氏娼螺（33.33%）。冬季各潮区贝类种类出现频度见表 2-7。

表 2-7　黄河口滩涂冬季各潮区贝类出现频度

高潮区		中潮区		低潮区	
种名	出现频度（%）	种名	出现频度（%）	种名	出现频度（%）
彩虹明樱蛤和红明樱蛤	61.11	彩虹明樱蛤和红明樱蛤	94.44	彩虹明樱蛤和红明樱蛤	88.89
光滑河篮蛤	55.56	光滑河篮蛤	55.56	四角蛤蛳	88.89
泥螺	27.78	四角蛤蛳	50.00	秀丽织纹螺	72.22
四角蛤蛳	27.78	托氏娼螺	38.89	光滑河篮蛤	44.44
托氏娼螺	22.22	秀丽织纹螺	33.33	托氏娼螺	33.33
文蛤	11.11	泥螺	16.67	文蛤	22.22
青蛤	11.11	琵琶拟沼螺	16.67	琵琶拟沼螺	11.11
琵琶拟沼螺	11.11	文蛤	16.67	青蛤	11.11
秀丽织纹螺	5.56	青蛤	16.67	白带笋螺	11.11
白带笋螺	5.56	白带笋螺	11.11	长竹蛏	11.11
古氏滩栖螺	5.56	菲律宾蛤仔	5.56	光滑狭口螺	11.11
日本镜蛤	5.56	扁玉螺	5.56	菲律宾蛤仔	5.56
渤海鸭嘴蛤	5.56	古氏滩栖螺	5.56	古氏滩栖螺	5.56
		渤海鸭嘴蛤	5.56	丽核螺	5.56
		微黄镰玉螺	5.56		
		光滑狭口螺	5.56		

　　春季，高潮区、中潮区、低潮区的共有种有 9 种，分别是：彩虹明樱蛤、红明樱蛤、光滑河篮蛤、泥螺、四角蛤蛳、青蛤、缢蛏、托氏娼螺、秀丽织纹螺；夏季，高潮区、中潮区、低潮区的共有种有 13 种，分别是：彩虹明樱蛤、红明樱蛤、光滑河篮蛤、泥螺、四角蛤蛳、文蛤、青蛤、托氏娼螺、秀丽织纹螺、琵琶拟沼螺、微黄镰玉螺、白带笋螺、古氏滩栖螺；秋季，高潮区、中潮区、低潮区的共有种有 12 种，分别是：彩虹明樱蛤、红明樱蛤、光滑河篮蛤、泥螺、四角蛤蛳、文蛤、青蛤、托氏娼螺、秀丽织纹螺、琵琶拟沼螺、古氏滩栖螺、微黄镰玉螺；冬季，高潮区、中潮区、低潮区的共有种有 11 种，

分别是：彩虹明樱蛤、红明樱蛤、光滑河篮蛤、四角蛤蜊、文蛤、青蛤、托氏鲳螺、秀丽织纹螺、琵琶拟沼螺、古氏滩栖螺、白带笋螺。四个季节各潮区贝类种类见表 2-8。

表 2-8　黄河口滩涂各潮区贝类种类

序号	种类	学名	春季			夏季			秋季			冬季		
			高潮区	中潮区	低潮区	高潮区	中潮区	低潮区	高潮区	中潮区	低潮区	高潮区	中潮区	低潮区
1	彩虹明樱蛤	*Moerella iridescens*	+	+	+	+	+	+	+	+	+	+	+	+
2	红明樱蛤	*Moerella rutila*	+	+	+	+	+	+	+	+	+	+	+	+
3	光滑河篮蛤	*Potamocorbula laevis*	+	+	+	+	+	+	+	+	+	+	+	+
4	泥螺	*Bullacta exarata*	+	+	+	+	+	+	+	+	+	+	+	+
5	四角蛤蜊	*Mactra veseriformis*	+	+	+	+	+	+	+	+	+	+	+	+
6	青蛤	*Cyclina sinensis*	+	+	+	+	+	+	+	+	+	+	+	+
7	文蛤	*Meretix meretrix*	+	+	+	+	+	+	+	+	+	+	+	+
8	缢蛏	*Sinonovacula constricta*	+	+	+	+								
9	托氏鲳螺	*Umbonium thomasi*	+	+	+	+	+	+	+	+	+	+	+	+
10	秀丽织纹螺	*Nassarius festivus*	+	+	+	+	+	+	+	+	+	+	+	+
11	琵琶拟沼螺	*Assiminea luieo*	+											
12	渤海鸭嘴蛤	*Latermula marilina*	+											
13	微黄镰玉螺	*Lunatia gilva*	+											
14	菲律宾蛤仔	*Ruditapes philippinarum*		+	+						+		+	+
15	毛蚶	*Scapharca kagoshimensis*		+	+		+							
16	扁玉螺	*Neverita didyma*		+			+						+	
17	白带笋螺	*Terebra dussumieri*				+	+		+			+		
18	古氏滩栖螺	*Batillaria cumingi*				+	+		+	+				
19	日本镜蛤	*Dosinia japonica*					+							
20	焦河篮蛤	*Potamocorbula ustulata*					+							
21	光滑狭口螺	*Stenothyra glabra*											+	+
22	长竹蛏	*Solen strictus*												+
23	丽核螺	*Pyrene bella*												+
24	薄壳绿螂	*Glauconome primeana*				+								
25	橄榄胡桃蛤	*Nucula tenuis*					+							

第二节 栖息密度和生物量

一、平面分布

（一）春季

春季，黄河口滩涂贝类栖息密度变化范围为 $0 \sim 75\,178.67$ 个/m^2，变化幅度非常大，平均值为 $5\,228.25$ 个/m^2，最高值出现在 8 - 低站位，最低值出现在 7 - 高站位和 11 - 高站位；生物量在 $0 \sim 2\,681.44$ g/m^2 变化，平均值为 208.54 g/m^2，最高值出现在 17 - 低站位，最低值出现在 7 - 高站位和 11 - 高站位。其中，在 8 - 低站位，彩虹明樱蛤和红明樱蛤的栖息密度，共占该站位所有贝类物种总栖息密度的 99.92%，位列第一；在 17 - 低站位，四角蛤蜊的生物量，占该站位所有贝类物种生物量的比例最高，达 94.68%。

（二）夏季

夏季，黄河口滩涂贝类栖息密度变化范围为 $0 \sim 16\,298.67$ 个/m^2，变化幅度非常大，平均值为 $1\,958.62$ 个/m^2，最高值出现在 10 - 低站位，最低值出现在 7 - 高站位和 9 - 低站位；生物量在 $0 \sim 2\,410.77$ g/m^2 变化，平均值为 272.50 g/m^2，最高值出现在 18 - 低站位，最低值出现在 7 - 高站位和 9 - 低站位。其中，在 10 - 低站位，光滑河篮蛤和琵琶拟沼螺的栖息密度，分别占该站位所有贝类物种总栖息密度的 74.93% 和 23.36%，分别位列第一和第二；在 18 - 低站位，相比于其他贝类物种，焦河篮蛤和四角蛤蜊的生物量占比较为突出，分别达 66.16% 和 25.28%。

（三）秋季

秋季，黄河口滩涂贝类栖息密度变化范围为 $0 \sim 7\,370.67$ 个/m^2，变化幅度非常大，平均值为 $1\,114.27$ 个/m^2，最高值出现在 10 - 高站位，最低值出现在 7 - 高、7 - 中和 7 - 3 个低站位；生物量在 $0 \sim 1\,253.01$ g/m^2 变化，平均值为 215.76 g/m^2，最高值出现在 17 - 低站位，最低值出现在 7 - 高、7 - 中和 7 - 低 3 个站位。其中，在 10 - 高站位，光滑河篮蛤和琵琶拟沼螺的栖息密度，分别占该站位所有贝类物种总栖息密度的 55.64% 和 34.30%，分别位列第一和第二；在 17 - 低站位，相比于其他贝类物种，四角蛤蜊和文蛤的生物量占比较为突出，分别达 83.05% 和 13.58%。

（四）冬季

冬季，黄河口滩涂贝类栖息密度变化范围为 0～7 808 个/m²，变化幅度非常大，平均值为 620.84 个/m²，最高值出现在 2 - 低站位，最低值出现在 6 - 高站位；生物量在 0～3 994.88 g/m² 变化，平均值为 299.40 g/m²，最高值出现在 9 - 低站位，最低值出现在 6 - 高站位。其中，在 2 - 低站位，相比于其他贝类物种，彩虹明樱蛤和红明樱蛤的栖息密度占比最高，共占 78.28%，光滑河篮蛤的栖息密度占 21.31%；在 17 - 低站位，四角蛤蜊的生物量占比最高达 70.58%，文蛤的生物量占 24.90%。

二、纵向分布

（一）高潮区

（1）**春季**　黄河口滩涂高潮区贝类栖息密度变化范围为 0～30 341.33 个/m²，变化幅度非常大，平均值为 3 973.04 个/m²，最高值出现在 16 - 高站位，最低值出现在 7 - 高和 11 - 高站位；生物量在 0～160.75 g/m² 变化，平均值为 52.45 g/m²，最高值也出现在 16 - 高站位，最低值仍出现在 7 - 高站位和 11 - 高站位。在 16 - 高站位，共发现贝类 4 种，分别是彩虹明樱蛤、红明樱蛤、泥螺和托氏蝐螺。其中，彩虹明樱蛤和红明樱蛤的栖息密度共占该站位所有贝类物种总栖息密度的 99.75%，其余两种贝类的栖息密度均不足 0.20%；彩虹明樱蛤和红明樱蛤的生物量共占该站位的 80.72%，其次是托氏蝐螺（16.39%），再次是泥螺（2.89%）。

（2）**夏季**　黄河口滩涂高潮区贝类栖息密度变化范围为 0～7 616 个/m²，变化幅度非常大，平均值为 1 475.56 个/m²，最高值出现在 18 - 高站位，最低值出现在 7 - 高站位；生物量在 0～794.67 g/m² 变化，平均值为 150.96 g/m²，最高值也出现在 18 - 高站位，最低值仍出现在 7 - 高站位。在 18 - 高站位，共发现贝类 5 种，分别是彩虹明樱蛤、红明樱蛤、光滑河篮蛤、秀丽织纹螺和白带笋螺。其中，光滑河篮蛤的栖息密度占该站位所有贝类物种总栖息密度比例的 87.96%，彩虹明樱蛤和红明樱蛤共占 7.0%，秀丽织纹螺占 3.92%，白带笋螺占 1.12%；该站位各物种生物量占比的排序同栖息密度，分别是光滑河篮蛤（85.05%）＞彩虹明樱蛤和红明樱蛤（共 6.76%）＞秀丽织纹螺（6.71%）＞白带笋螺（1.48%）。

（3）**秋季**　黄河口滩涂高潮区贝类栖息密度变化范围为 0～7 370.67 个/m²，变化幅度非常大，平均值为 1 542.81 个/m²，最高值出现在 10 - 高站位，最低值出现在 7 - 高站位；生物量在 0～352.16 g/m² 变化，平均值为 87.25 g/m²，最高值也出现在 10 - 高站位，最低值仍出现在 7 - 高站位。在 10 - 高站位，共发现贝类 6 种，分别是彩虹明樱蛤、红明樱蛤、光滑河篮蛤、泥螺、琵琶拟沼螺和渤海鸭嘴蛤，各物种的栖息密度占比顺序为：光滑河篮蛤（55.64%）＞琵琶拟沼螺（34.30%）＞彩虹明樱蛤和红明樱蛤（共9.84%）＞渤海鸭嘴蛤（0.15%）＞泥螺（0.07%）；该站位各物种生物量占比的排序是：光滑河篮蛤（68.95%）＞彩虹明樱蛤和红明樱蛤（共18.70%）＞琵琶拟沼螺（9.03%）＞泥螺（2.50%）＞渤海鸭嘴蛤（0.82%）。

（4）冬季　黄河口滩涂高潮区贝类栖息密度变化范围为 $0 \sim 2~471.33$ 个/m²，变化幅度非常大，平均值为 358.81 个/m²，最高值出现在 1-高站位，最低值出现在 6-高站位；生物量在 $0 \sim 411.31$ g/m² 变化，平均值为 66.63 g/m²，最高值出现在 18-高站位，最低值仍出现在 6-高站位。在 18-高站位，共发现贝类 6 种，它们的栖息密度占比排序是：文蛤（62.60%）＞彩虹明樱蛤和红明樱蛤（共30.89%）＞四角蛤蜊（2.44%）＝秀丽织纹螺（2.44%）＞泥螺（1.63%）；该站位各物种生物量占比的排序是：文蛤（53.77%）＞四角蛤蜊（31.45%）＞彩虹明樱蛤和红明樱蛤（共10.46%）＞泥螺（2.85%）＞秀丽织纹螺（1.47%）。

（二）中潮区

（1）春季　黄河口滩涂中潮区贝类栖息密度变化范围为 $32 \sim 29~157.33$ 个/m²，变化幅度非常大，平均值为 3~446.52 个/m²，最高值出现在 8-中站位，最低值出现在 18-中站位；生物量在 $0.85 \sim 1~200.21$ g/m² 变化，平均值为 219.67 g/m²，最高值出现在 17-中站位，最低值出现在 7-中站位。其中，在 8-中站位，共发现贝类 7 种，彩虹明樱蛤和红明樱蛤的栖息密度共占该站位所有贝类物种总栖息密度的 99.60%，泥螺、四角蛤蜊、秀丽织纹螺、微黄镰玉螺和白带笋螺的栖息密度之和不足 1%；在 17-中站位，也发现贝类 7 种，该站位各物种生物量占比的排序是：四角蛤蜊（89.34%）＞托氏䗉螺（6.29%）＞泥螺（3.00%）＞文蛤（1.02%）＞秀丽织纹螺（0.30%）＞彩虹明樱蛤和红明樱蛤（共0.05%）。

（2）夏季　黄河口滩涂中潮区贝类栖息密度变化范围为 $165.33 \sim 7~658.67$ 个/m²，变化幅度非常大，平均值为 1~944.30 个/m²，最高值出现在 2-中站位，最低值出现在 13-中站位；生物量在 $33.49 \sim 800.96$ g/m² 变化，平均值为 235.62 g/m²，最高值出现在 17-中站位，最低值仍出现在 13-中站位。其中，在 2-中站位，共发现贝类 5 种，光滑河篮蛤的栖息密度占该站位所有贝类物种总栖息密度的 93.04%，其次是彩虹明樱蛤和红明樱蛤（共6.82%），再次是泥螺（0.07%）和缢蛏（0.07%）；在 17-中站位，共发现贝类 9 种，该站位各物种生物量占比的排序是：四角蛤蜊（73.89%）＞文蛤（11.79%）＞泥螺（10.15%）＞托氏䗉螺（1.60%）＞日本镜蛤（1.10%）＞彩虹明樱蛤和红明樱蛤（共1.09%）＞秀丽织纹螺（0.34%）＞白带笋螺（0.04%）。

（3）秋季　黄河口滩涂中潮区贝类栖息密度变化范围为 $0 \sim 6~613.33$ 个/m²，变化幅度非常大，平均值为 870.81 个/m²，最高值出现在 10-中站位，最低值出现在 7-中站位；生物量在 $0 \sim 550.08$ g/m² 变化，平均值为 154.29 g/m²，最高值出现在 17-中站位，最低值仍出现在 7-中站位。其中，在 10-中站位，共发现贝类 4 种，它们的栖息密度占比排序是：光滑河篮蛤（67.66%）＞琵琶拟沼螺（27.90%）＞彩虹明樱蛤和红明樱蛤（4.44%）；在17-中站位，共发现贝类7种，该站位各物种生物量占比的排序是：四角蛤蜊（63.94%）＞文蛤（22.97%）＞青蛤（5.18%）＞彩虹明樱蛤和红明樱蛤（3.83%）＞托氏蝐螺（3.22%）＞泥螺（0.86%）。

（4）冬季　黄河口滩涂中潮区贝类栖息密度变化范围为16～2 714.67个/m²，变化幅度非常大，平均值为499.56个/m²，最高值出现在10-中站位，最低值出现在8-中站位；生物量在0.16～1 515.84 g/m²变化，平均值为290.77 g/m²，最高值出现在17-中站位，最低值仍出现在8-中站位。其中，在10-中站位，共发现贝类5种，它们的栖息密度占比排序是：琵琶拟沼螺（47.74%）＞光滑河篮蛤（36.54%）＞彩虹明樱蛤和红明樱蛤（15.52%）＞渤海鸭嘴蛤（0.20%）；在17-中站位，共发现贝类6种，该站位各物种生物量占比的排序是：四角蛤蜊（86.38%）＞文蛤（11.64%）＞托氏蝐螺（1.18%）＞彩虹明樱蛤和红明樱蛤（共0.58%）＞秀丽织纹螺（0.22%）。

（三）低潮区

（1）春季　黄河口滩涂低潮区贝类栖息密度变化范围为16～75 178.67个/m²，变化幅度非常大，平均值为8 265.19个/m²，最高值出现在8-低站位，最低值出现在12-低站位；生物量在5.65～2 681.44 g/m²变化，平均值为353.50 g/m²，最高值出现在17-低站位，最低值出现在7-低站位。其中，在8-低站位，共发现贝类5种，它们的栖息密度占比排序是：彩虹明樱蛤和红明樱蛤（共99.92%）＞白带笋螺（0.04%）＞秀丽织纹螺（0.02%）＞渤海鸭嘴蛤（0.02%）；在17-低站位，共发现贝类6种，该站位各物种生物量占比的排序是：四角蛤蜊（94.68%）＞文蛤（5.01%）＞托氏蝐螺（0.15%）＞彩虹明樱蛤和红明樱蛤（共0.10%）＞秀丽织纹螺（0.06%）。

（2）夏季　黄河口滩涂低潮区贝类栖息密度变化范围为0～16 298.67个/m²，变化幅度非常大，平均值为2 456.00个/m²，最高值出现在10-低站位，最低值出现在9-低站位；生物量在0～2 410.77 g/m²变化，平均值为430.92 g/m²，最高值出现在18-低站位，最低值仍出现在9-低站位。其中，在10-低站位，共发现贝类5种，它们的栖息密度占比排序是：光滑河篮蛤（74.94%）＞琵琶拟沼螺（23.36%）＞彩虹明樱蛤和红明樱蛤（共1.67%）＞秀丽织纹螺（0.03%）；在18-低站位，共发现贝类11种，该站位焦河篮蛤和四角蛤蜊的生物量占比比较突出，分别达66.16%和25.28%，光滑河篮蛤生物量占比是3.92%，文蛤生物量占比是3.61%，泥螺等其余7种贝类各自的生物量占比均小于1.00%。

（3）秋季　黄河口滩涂低潮区贝类栖息密度变化范围为0～3 845.33个/m²，变化幅度非常大，平均值为929.19个/m²，最高值出现在2-低站位，最低值出现在7-低站位；生物量在0～1 253.01 g/m²变化，平均值为405.74 g/m²，最高值出现在17-低站位，最低值仍出现在7-低站位。其中，在2-低站位，共发现贝类3种，它们的栖息密度占比排序是：

光滑河篮蛤（90.43%）＞彩虹明樱蛤和红明樱蛤（共 9.57%）；在 17 - 低站位，共发现贝类 6 种，该站位各贝类物种生物量的占比排序是：四角蛤蜊（83.05%）＞文蛤（13.58%）＞托氏蝈螺（2.22%）＞彩虹明樱蛤和红明樱蛤（共 0.85%）＞秀丽织纹螺（0.30%）。

（4）冬季　黄河口滩涂低潮区贝类栖息密度变化范围为 32～7 808 个/m²，变化幅度非常大，平均值为 1 004.15 个/m²，最高值出现在 2 - 低站位，最低值出现在 4 - 低站位；生物量在 24.48～3 994.88 g/m² 变化，平均值为 540.80 g/m²，最高值出现在 9 - 低站位，最低值出现在 18 - 低站位。其中，在 2 - 低站位，共发现贝类 5 种，它们的栖息密度占比排序是：彩虹明樱蛤和红明樱蛤（共 78.28%）＞光滑河篮蛤（21.31%）＞四角蛤蜊（0.34%）＞长竹蛏（0.07%）；在 9 - 低站位，共发现贝类 5 种，该站位各贝类物种生物量的占比排序是：四角蛤蜊（98.48%）＞彩虹明樱蛤和红明樱蛤（共 0.78%）＞托氏蝈螺（0.64%）＞秀丽织纹螺（0.10%）。

三、总体分布特点

根据春夏秋冬四个季节黄河口滩涂各潮区贝类物种平均栖息密度和平均生物量的统计数据，发现其具有以下特点（图 2 - 3、图 2 - 4）。

（1）春季　由彩虹明樱蛤和红明樱蛤组成的明樱蛤属在各潮区的平均栖息密度要远远大于其他贝类物种，在各潮区的比例均在 90% 以上，最高值出现在低潮区，其生物量最高值也出现在低潮区；四角蛤蜊主要分布在中潮区和低潮区，从高潮区开始，四角蛤蜊生物量逐渐变大，在低潮区达最高值，其生物量在中潮区和低潮区的比重分别达 61.61% 和 70.77%。

（2）夏季　光滑河篮蛤在各潮区的平均栖息密度值要远远高于其他贝类物种，比例值均在 60% 以上，自高潮区开始其平均栖息密度值逐渐变大，在低潮区达最高值，生物量变化规律也是如此；相比于春季，由彩虹明樱蛤和红明樱蛤组成的明樱蛤属在各潮区的平均栖息密度明显下降，仅为春季的 1/28，且与春季正好相反，高潮区平均栖息密度值最大，其次是中潮区，最后是低潮区，其生物量在中潮区达最高值，高潮区和低潮区相差不大；四角蛤蜊仍旧主要分布在高潮区和低潮区，其生物量在中潮区和低潮区的比例平均在 34% 左右。

（3）秋季　光滑河篮蛤在各潮区的平均栖息密度值仍然要远远高于其他贝类物种，在高、中、低潮区的比例分别达 38.35%、57.57% 和 63.84%，但相比于夏季，其在各潮区的平均栖息密度值均有显著下降，仅为夏季的 1/2；四角蛤蜊在中潮区和低潮区的生物量比例仍然比较突出，分别为 38.02% 和 69.64%，但相比于春季和夏季，其平均栖息密度值均有所下降。

（4）冬季　彩虹明樱蛤和红明樱蛤以及光滑河篮蛤在各潮区的平均栖息密度值比较

突出，彩虹明樱蛤和红明樱蛤在高潮区、中潮区、低潮区的平均栖息密度比例分别为42.86%、27.46%和41.19%，光滑河篮蛤在高潮区、中潮区、低潮区的平均栖息密度比例分别为41.54%、32.03%和23.99%；四角蛤蜊在中、低潮区的生物量比例分别为69.14%和78.61%。

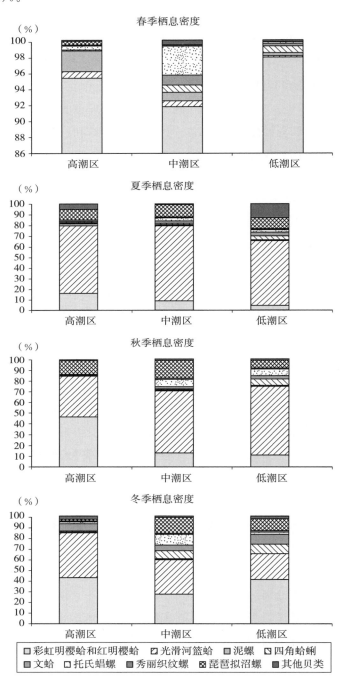

图 2-3　黄河口滩涂四季各潮区贝类平均栖息密度的占比

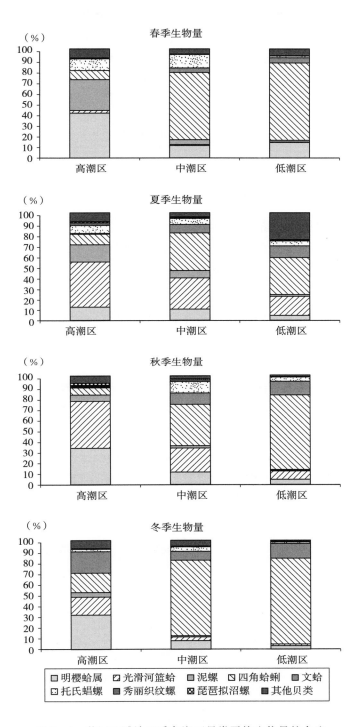

图 2-4　黄河口滩涂四季各潮区贝类平均生物量的占比

第三节 优 势 种

各贝类物种优势度的计算公式为：

$$Y_i = (W_i + N'_i)/2 \cdot f_i$$

式中 W_i——i 种贝类各站位的生物量平均值占所有贝类各站位的生物量平均值的相对密度；

  N'_i——i 种贝类各站位的栖息密度平均值占所有贝类各站位的栖息密度平均值的相对密度；

  f_i——i 种贝类的站位出现频度。

将优势度大于等于 0.020 0 的物种列为优势种。将高、中、低各潮区分别进行计算，确定各潮区的优势种。将各季节所有站位进行计算，确定各季节滩涂的总体优势种。各潮区的优势种及优势度如表 2－9 所示，其中：

高潮区，彩虹明樱蛤和红明樱蛤，在春夏秋冬四季均是优势种；除春季外，光滑河篮蛤是其他三个季节的优势种。

中潮区，彩虹明樱蛤和红明樱蛤以及四角蛤蜊，均为每个季节的优势种；除春季外，光滑河篮蛤是其他三个季节的优势种；除夏季外，托氏蝟螺是其他三个季节的优势种。

低潮区，彩虹明樱蛤和红明樱蛤以及四角蛤蜊，均为每个季节的优势种；除春季外，光滑河篮蛤是其他三个季节的优势种。

表 2－9 黄河口滩涂各潮区贝类优势种

	高潮区		中潮区		低潮区	
	优势种	优势度	优势种	优势度	优势种	优势度
2013 年 5 月	彩虹明樱蛤和红明樱蛤	0.532 8	彩虹明樱蛤和红明樱蛤	0.520 1	彩虹明樱蛤和红明樱蛤	0.561 0
2013 年 5 月	泥螺	0.111 5	四角蛤蜊	0.226 2	四角蛤蜊	0.260 3
			托氏蝟螺	0.036 3		
2013 年 8 月	光滑河篮蛤	0.350 3	光滑河篮蛤	0.356 6	光滑河篮蛤	0.279 3
	彩虹明樱蛤和红明樱蛤	0.105 2	彩虹明樱蛤和红明樱蛤	0.096 1	四角蛤蜊	0.121 1
	泥螺	0.052 1	四角蛤蜊	0.095 1	彩虹明樱蛤和红明樱蛤	0.045 4
			泥螺	0.020 6		

（续）

	高潮区		中潮区		低潮区	
	优势种	优势度	优势种	优势度	优势种	优势度
2013 年 10 月	光滑河篮蛤	0.199 9	光滑河篮蛤	0.263 6	四角蛤蜊	0.244 9
	彩虹明樱蛤和红明樱蛤	0.188 0	彩虹明樱蛤和红明樱蛤	0.102 8	光滑河篮蛤	0.197 4
			四角蛤蜊	0.089 8	彩虹明樱蛤和红明樱蛤	0.075 1
			托氏蜎螺	0.042 6	托氏蜎螺	0.022 6
			琵琶拟沼螺	0.026 7		
2014 年 2 月	彩虹明樱蛤和红明樱蛤	0.227 5	四角蛤蜊	0.189 2	四角蛤蜊	0.388 8
	光滑河篮蛤	0.161 1	彩虹明樱蛤和红明樱蛤	0.166 3	彩虹明樱蛤和红明樱蛤	0.184 2
	四角蛤蜊	0.025 8	光滑河篮蛤	0.098 5	光滑河篮蛤	0.057 0
			托氏蜎螺	0.027 2	文蛤	0.025 2

第四节　多样性指数

一、物种多样性指数

（一）平面分布

总体上看，滩涂各个断面贝类物种多样性指数在各个季节差异和变化较大。

（1）高潮区　各断面 2013 年 5 月物种多样性指数变化范围为 0～2.028，2013 年 8 月物种多样性指数变化范围为 0～2.008，2013 年 10 月物种多样性指数在 0～2.170，2014 年 2 月物种多样性指数变化范围为 0～1.920。高潮区物种多样性指数较高的断面有 15 号、4 号、10 号、18 号和 16 号。

（2）中潮区　各断面 2013 年 5 月物种多样性指数变化范围为 0.252～2.263，2013 年 8 月物种多样性指数变化范围为 0～2.298，2013 年 10 月物种多样性指数变化范围为 0～1.858，2014 年 2 月物种多样性指数变化范围为 0.052～2.021。中潮区物种多样性指数较高的断面有 3 号、14 号、17 号、16 号、4 号和 1 号。

（3）低潮区　各断面 2013 年 5 月物种多样性指数变化范围为 0～1.932，2013 年 8 月物种多样性指数变化范围为 0～1.988，2013 年 10 月物种多样性指数变化范围为 0～2.054，2014 年 2 月物种多样性指数变化范围为 0.767～1.912。低潮区物种多样性指数较高的断面有 3 号、15 号、5 号、18 号、17 号和 4 号。

滩涂各潮区在不同季节贝类物种多样性指数较高的断面有所差异，但总体上各季节物种多样性指数较高的断面分布于马新河至潮河的滩涂以及广利河至小岛河的滩涂两个区域，这两个区域为贝类养护区。

（二）纵向分布

滩涂贝类物种多样性指数纵向分布上高潮区最低，2013 年 5 月、8 月和 10 月中潮区最高，2014 年 2 月低潮区最高。总体来看，物种多样性指数在中低潮区相差不大，但高潮区明显低于中低潮区。每个潮区在各季节的物种多样性指数变化较小，高潮区在四个季节的物种多样性指数变化范围为 0.795～0.902，平均为 0.846；中潮区在四个季节的物种多样性指数变化范围为 1.250～1.323，平均为 1.273；低潮区在四个季节的物种多样性指数变化范围为 1.112～1.365，平均为 1.203（图 2-5）。

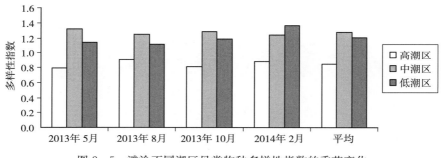

图 2-5 滩涂不同潮区贝类物种多样性指数的季节变化

高潮区出现种数较少，且主要以樱蛤和光滑河篮蛤为主，相比较而言，其他种栖息密度和生物量所占比例非常低，因此，高潮区总体的物种多样性指数很低；中潮区位于高潮区和低潮区之间，樱蛤和光滑河篮蛤栖息密度高，所占栖息密度比例大，另外，四角蛤蜊、托氏蜎螺以及文蛤所占生物量相对密度较大，因此物种多样性指数最高；低潮区樱蛤和光滑河篮蛤栖息密度也较高，与中潮区不同的是四角蛤蜊所占生物量相对密度更高，因此，与中潮区相比分布上更不均匀，大多数季节的物种多样性比中潮区略低。

二、物种均匀度指数

（一）平面分布

总体上看，滩涂各个断面贝类物种均匀度指数在各个季节差异和变化较大。

（1）高潮区　各断面 2013 年 5 月均匀度指数变化范围为 0～0.912，2013 年 8 月均匀度指数变化范围为 0～0.980，2013 年 10 月均匀度指数变化范围为 0～0.964，2014 年 2 月均匀度指数变化范围为 0～0.960。高潮区均匀度指数较高的断面有 12 号、4 号、15 号、10 号、1 号和 18 号。

（2）中潮区　各断面 2013 年 5 月均匀度指数变化范围为 0.159～0.928，2013 年 8 月均匀度指数变化范围为 0.120～0.910，2013 年 10 月均匀度指数变化范围为 0～0.818，2014 年 2 月均匀度指数变化范围为 0.052～1.000。中潮区均匀度指数较高的断面有 3 号、5 号、6 号、10 号、14 号和 1 号。

（3）低潮区　各断面 2013 年 5 月均匀度指数变化范围为 0～0.995，2013 年 8 月多样性指数变化范围为 0～0.856，2013 年 10 月多样性指数变化范围为 0～0.969，2014 年 2 月多样性指数变化范围为 0.384～1.000。低潮区多样性指数较高的断面有 18 号、15 号、3 号、13 号、5 号。

滩涂各潮区在不同季节贝类物种均匀度指数较高的断面有所差异，但总体上各季节均匀度指数较高的断面分布于马新河至潮河的滩涂以及广利河至小岛河的滩涂两个区域，这两个区域为贝类养护区，与物种多样性指数的平面分布较为相似。

（二）纵向分布

贝类物种均匀度指数垂向分布上高潮区最低，2013 年 5 月、8 月和 10 月中潮区最高，2014 年 2 月低潮区最高。与物种多样性指数相似，物种均匀度指数在中低潮区相差不大，但高潮区明显低于中低潮区。每个潮区在各季节的物种均匀度指数变化较小，高潮区在四个季节的物种均匀度指数在 0.450～0.521，平均为 0.476；中潮区在四个季节的物种均匀度指数在 0.560～0.706，平均为 0.632；低潮区在四个季节的物种均匀度指数在 0.511～0.706，平均为 0.600（图 2-6）。

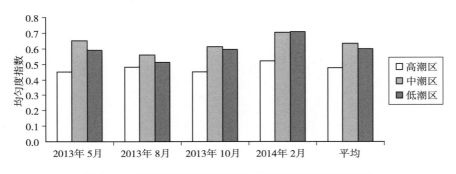

图 2-6　滩涂不同潮区贝类物种均匀度指数的季节变化

物种均匀度指数纵向分布上与物种多样性指数相似。高潮区出现种数较少，且主要以樱蛤和光滑河蓝蛤为主，相比较而言，其他种栖息密度和生物量所占比例非常低，因此，高潮区总体的物种均匀度指数很低；中潮区位于高潮区和低潮区之间，大多数高潮区和低潮区的种类在中潮区均有出现，贝类种数多，分布较均匀，因此，物种均匀度指数最高；低潮区与中潮区最大的不同是，作为优势种之一的四角蛤蜊所占生物量相对密度更高，因此，与中潮区相比分布上更不均匀，物种均匀度指数比中潮区略低。

第三章
黄河口浅海
（0～-6 m）
贝类资源

2014 年 10 月（秋季）和 2015 年 5 月（春季），在整个东营市浅海 0～－6 m 水深处设置 12 条调查断面。每个断面自浅向深设定 3 个站位，为了与滩涂调查断面相区别，浅海断面自西向东、自北向南编号，各断面自 1～12 进行编号。其中，1～4 号断面、7 号断面和 9～12 号断面在 1.5 m、3 m 和 5 m 处各设定 1 个站位；5 号、6 号和 8 号断面由于工程建设等人为原因，3 m 以内海域已被占用，这 3 个断面在 3 m 处设定 2 个站位，5 m 处设定 1 个站位（图 3-1）。

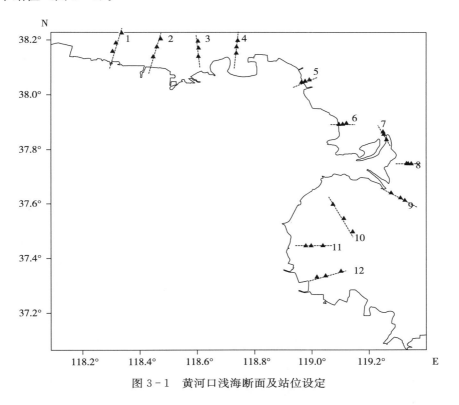

图 3-1 黄河口浅海断面及站位设定

第一节 种类组成

浅海 2 个航次的采样与定性定量分析，共发现物种数 88 种。其中，软体动物门 42 种，包含贝类（双壳纲和腹足纲）40 种；环节动物门 4 种，节肢动物门 26 种，脊索动物门 13 种，其他 4 种。发现的 40 种贝类隶属于 2 纲 10 目 20 科 30 属。其中，双壳纲 26 种，腹足纲 14 种（图 3-2）。

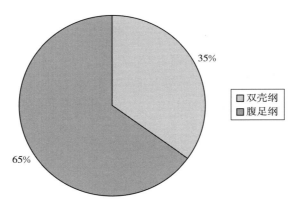

图 3-2　黄河口浅海贝类两纲种数所占比例

一、平面分布

浅海定量样品中，每条断面出现的贝类种数平均在 5.0～14.5 种，其中，1～4 号断面以及 10～12 号断面出现种数较多（表 3-1）。

表 3-1　黄河口浅海各断面定量样品中贝类出现种数

断面编号	出现种数（种）		
	2014 年 10 月	2015 年 5 月	平均值
1	17	11	14.0
2	17	15	16.0
3	10	15	12.5
4	13	16	14.5
5	11	6	8.5
6	5	6	5.5
7	7	3	5.0
8	8	2	5.0
9	8	11	9.5
10	11	12	11.5
11	13	13	13.0
12	14	14	14.0

二、纵向分布

浅海两次调查的定量样品中，2014 年 10 月各深度的种数均高于 2015 年 5 月。1.5 m 深度发现，贝类种数为各深度最高（图 3-3）。

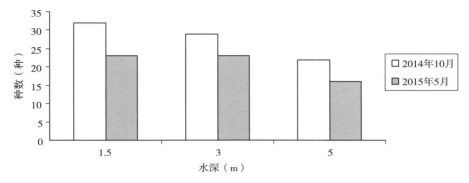

图 3-3　黄河口浅海各深度定量样品中贝类出现种数

第二节　栖息密度和生物量

一、栖息密度

（一）平面分布

由于 5 m 水深的贝类栖息密度远低于 1.5 m 和 3 m 水深，与 1.5 m 和 3 m 栖息密度相比可忽略不计，因此，在分析浅海贝类栖息密度平面分布时仅考虑 1.5 m 和 3 m 水深，将每个断面的 1.5 m 和 3 m 水深的栖息密度取平均值作比较。对于某些 1.5 m 水深区域消失的断面，取 3 m 水深的平均值进行比较（图 3-4）。

1 号断面 2014 年 10 月平均栖息密度为 13.98 个/m²，2015 年 5 月平均栖息密度为 1.56 个/m²。该断面栖息密度较高的贝类种数较多，有文蛤、毛蚶、西施舌、饼干镜蛤、小亮樱蛤、朝鲜笋螺、纵肋织纹螺等。这些贝类绝大多数在两个季节均有出现，唯有西施舌在 2014 年 10 月幼体极多，但在 2015 年 5 月未发现，这也是造成 1 号断面两个季节栖息密度巨大差异的主要原因。

2 号断面 2014 年 10 月平均栖息密度为 2.42 个/m²，2015 年 5 月平均栖息密度为

0.79 个/m²。栖息密度较高的贝类，有文蛤、毛蚶、饼干镜蛤、小亮樱蛤、朝鲜笋螺、扁玉螺、纵肋织纹螺等。

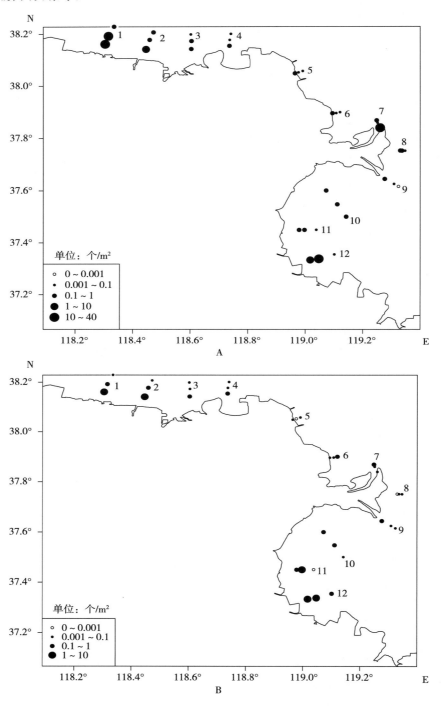

图 3-4 黄河口浅海不同季节贝类栖息密度平面分布

A. 2014 年 10 月　　B. 2015 年 5 月

3号断面2014年10月平均栖息密度为0.37个/m²，2015年5月平均栖息密度为0.10个/m²。栖息密度较高的贝类种类与2号断面相似，但栖息密度远低于2号断面。

4号断面2014年10月平均栖息密度为0.33个/m²，2015年5月平均栖息密度为0.14个/m²。栖息密度较高的贝类种类与3号断面相似，另外，四角蛤蜊也有一定的分布。

5号断面2014年10月平均栖息密度为0.16个/m²，2015年5月平均栖息密度为0.01个/m²。毛蚶、纵肋织纹螺、扁玉螺均有一定的栖息密度。

6号断面2014年10月平均栖息密度为0.15个/m²，2015年5月平均栖息密度为0.05个/m²。纵肋织纹螺和宽壳全海笋均有一定的栖息密度。

7号断面2014年10月平均栖息密度为15.84个/m²，2015年5月平均栖息密度为0.03个/m²。焦河篮蛤、纵肋织纹螺和四角蛤蜊均有一定的栖息密度。2014年10月在1.5m水深发现大量焦河篮蛤，2015年5月仅发现极少量焦河篮蛤，是造成季节巨大差异的主要原因。

8号断面2014年10月平均栖息密度为0.19个/m²，2015年5月平均栖息密度为0.01个/m²。该断面贝类种类极少，宽壳全海笋是主要的种类。

9号断面2014年10月平均栖息密度为0.20个/m²，2015年5月平均栖息密度为0.31个/m²。该断面小亮樱蛤、毛蚶、朝鲜笋螺是栖息密度占比较大的种类。

10号断面2014年10月平均栖息密度为0.29个/m²，2015年5月平均栖息密度为0.13个/m²。该断面小亮樱蛤、扁玉螺是栖息密度占比较大的种类。

11号断面2014年10月平均栖息密度为0.40个/m²，2015年5月平均栖息密度为1.28个/m²。毛蚶、凸壳肌蛤、扁玉螺和朝鲜笋螺是栖息密度占比较大的种类。

12号断面2014年10月平均栖息密度为15.60个/m²，2015年5月平均栖息密度为6.25个/m²。文蛤、菲律宾蛤仔、毛蚶、扁玉螺和脉红螺是栖息密度占比较大的种类。

浅海贝类栖息密度各断面差异较大。栖息密度较高的断面为1号、2号、7号、11号和12号断面。这些断面分布主要在东营市河口区的浅海贝类生态国家级海洋特别保护区、黄河入海口海域以及广利河河口附近的浅海贝类护养区3个区域（图3-5）。

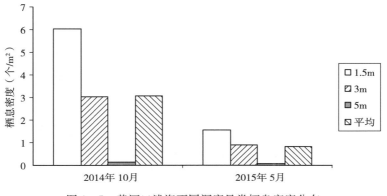

图3-5 黄河口浅海不同深度贝类栖息密度分布

（二）纵向分布

2014 年 10 月浅海 1.5 m 水深的栖息密度为 6.05 个/m²，3 m 水深的栖息密度 3.03 个/m²，5 m 水深的栖息密度为 0.14 个/m²，平均为 3.07 个/m²。2015 年 5 月，浅海 1.5 m 水深的栖息密度为 1.55 个/m²，3 m 水深的栖息密度 0.91 个/m²，5 m 水深的栖息密度为 0.06 个/m²，平均为 0.84 个/m²。每个季节水深自浅至深栖息密度逐渐下降，5 m 水深的贝类栖息密度非常小，远低于 1.5 m 和 3 m 水深的栖息密度。2014 年 10 月，每个水深的贝类栖息密度均高于 2015 年 5 月。

浅海贝类栖息密度种类组成在各个季节有很大不同。2014 年 10 月，1.5 m 水深占栖息密度比例较大的物种为焦河篮蛤和西施舌，分别为 57.93％和 20.71％；3 m 水深占栖息密度比例较大的物种为菲律宾蛤仔和西施舌，分别为 57.93％和 20.71％；5 m 水深为纵肋织纹螺和毛蚶，分别为 52.03％和 11.30％（图 3-6）。

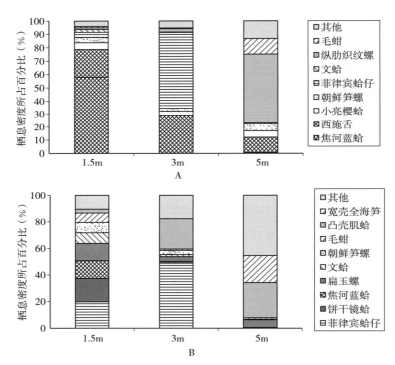

图 3-6 黄河口浅海各深度不同季节贝类栖息密度的种类组成比例

A. 2014 年 10 月　B. 2015 年 5 月

2015 年 5 月，1.5 m 水深占栖息密度比例较大的物种较多，菲律宾蛤仔、饼干镜蛤、焦河篮蛤和西施舌均占有一定比例，它们所占总栖息密度的百分比在 10％～20％；3 m 水深占栖息密度比例较大的物种为菲律宾蛤仔和凸壳肌蛤，分别为 48.84％和 22.80％；5 m 水深占栖息密度比例较大的物种为凸壳肌蛤和宽壳全海笋，分别为 32.99％和 25.71％（图 3-6）。

浅海各水深的栖息密度在各个季节的差异较大，2014 年秋季各个深度的贝类栖息密度高于 2015 年 5 月。2014 年秋季栖息密度较高的原因主要有两个，一是体型较小的焦河篮蛤、小亮樱蛤等贝类栖息密度很高；另外，西施舌处于繁殖期，幼体数量很大。

二、生物量

（一）平面分布

与浅海贝类栖息密度平面分布及季节变化特征的分析相似，由于 5 m 水深的贝类生物量远低于 1.5 m 和 3 m 水深，在分析浅海贝类生物量平面分布时仅考虑 1.5 m 和 3 m 水深，将每个断面的 1.5 m 和 3 m 水深的生物量取平均值作比较。对于某些 1.5 m 水深区域消失的断面，取 3 m 水深生物量的平均值进行比较（图 3 - 7）。

1 号断面 2014 年 10 月平均生物量为 12.21 g/m²，2015 年 5 月平均生物量为 7.38 g/m²。该断面生物量较高的贝类种数较多，有文蛤、毛蚶、西施舌、饼干镜蛤、脉红螺、扁玉螺、朝鲜笋螺等。

2 号断面 2014 年 10 月平均生物量为 2.67 g/m²，2015 年 5 月平均生物量为 5.63 g/m²。生物量较高的贝类有文蛤、毛蚶、饼干镜蛤、朝鲜笋螺、扁玉螺、脉红螺等。

3 号断面 2014 年 10 月平均生物量为 1.04 g/m²，2015 年 5 月平均生物量为 2.01 g/m²。生物量较高的贝类种类与 2 号断面相似。

4 号断面 2014 年 10 月平均生物量为 1.08 g/m²，2015 年 5 月平均生物量为 1.97 g/m²。生物量较高的贝类种类与 3 号断面相似，另外，四角蛤蜊也有一定的分布。

5 号断面 2014 年 10 月平均生物量为 1.17 g/m²，2015 年 5 月平均生物量为 0.07 g/m²。毛蚶、纵肋织纹螺、扁玉螺均有一定的生物量。

6 号断面 2014 年 10 月平均生物量为 0.12 g/m²，2015 年 5 月平均生物量为 0.22 g/m²。纵肋织纹螺和宽壳全海笋所占生物量比例较大。

7 号断面 2014 年 10 月平均生物量为 2.98 g/m²，2015 年 5 月平均生物量为 0.40 g/m²。占生物量比例较大的为焦河篮蛤、纵肋织纹螺和四角蛤蜊。

8 号断面 2014 年 10 月平均生物量为 0.93 g/m²，2015 年 5 月平均生物量接近 0 g/m²。该断面贝类种类极少，宽壳全海笋是主要的种类。

9 号断面 2014 年 10 月平均生物量为 0.44 g/m²，2015 年 5 月平均生物量为 0.93 g/m²。该断面毛蚶、微黄镰玉螺、扁玉螺、朝鲜笋螺是栖息密度占比较大的种类。

10 号断面 2014 年 10 月平均生物量为 1.43 g/m²，2015 年 5 月平均生物量为 0.68 g/m²。该断面脉红螺和扁玉螺是生物量占比较大的种类。

11 号断面 2014 年 10 月平均生物量为 3.28 g/m²，2015 年 5 月平均生物量为 1.34 g/m²。

毛蚶、扁玉螺、脉红螺和朝鲜笋螺是栖息密度占比较大的种类。

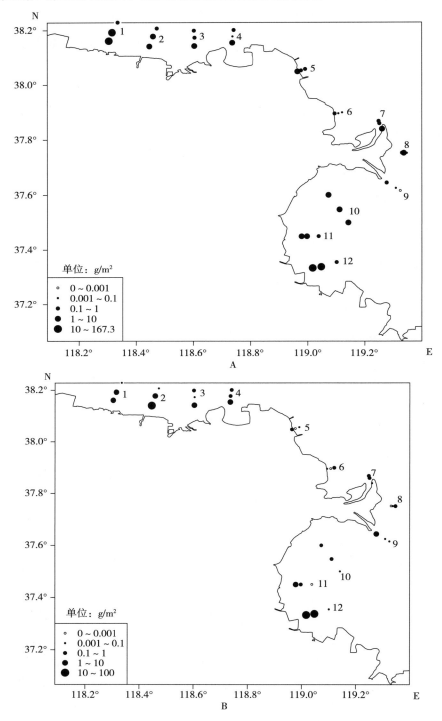

图 3-7　黄河口浅海贝类不同季节生物量平面分布

A. 2014 年 10 月　　B. 2015 年 5 月

12 号断面 2014 年 10 月平均生物量为 112.71 g/m²，2015 年 5 月平均生物量为 60.03 g/m²。文蛤、菲律宾蛤仔、毛蚶、扁玉螺和脉红螺是生物量占比较大的种类。

浅海生物量各断面差异较大。平均生物量值较高的断面为 1 号、2 号、7 号、11 号和 12 号断面。这些断面主要分布在东营市河口区的浅海贝类生态国家级海洋特别保护区、黄河入海口海域以及广利河河口附近的浅海贝类护养区 3 个区域。浅海和滩涂生物量最高的区域对应。

(二) 纵向分布

2014 年 10 月，浅海 1.5 m 水深的生物量为 9.68 g/m²，3 m 水深的生物量为 12.85 g/m²，5 m 水深的生物量为 0.44 g/m²，平均为 7.66 g/m²。2015 年 5 月，浅海 1.5 m 水深的生物量为 13.69 g/m²，3 m 水深的生物量为 2.55 g/m²，5 m 水深的生物量为 0.11 g/m²，平均为 5.45 g/m²。2014 年 10 月，3 m 水深贝类生物量最高。2015 年 5 月，1.5 m 水深贝类生物量最高。两个季节 1.5 m 和 3 m 水深的生物量远高于 5 m 水深 (图 3-8)。

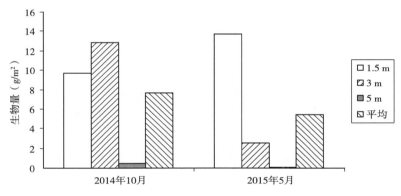

图 3-8 黄河口浅海不同深度贝类生物量分布

浅海贝类生物量种类组成在两个季节有一定的相似性，但也有一定的不同。2014 年 10 月，1.5 m 水深占生物量比例最大的物种为文蛤，为 45.20%，其他生物量较高的种，如毛蚶、菲律宾蛤仔、西施舌、脉红螺等所占百分比在 6.75%～10.16%；3 m 水深占生物量比例最大的物种为菲律宾蛤仔，为 83.54%，远高于 3 m 水深出现的其他贝类；5 m 水深占生物量比例较大的种为毛蚶和脉红螺，分别为 38.81% 和 25.60%（图 3-9）。

2015 年 5 月，1.5 m 水深占生物量比例最大的物种为文蛤，为 38.97%，其他生物量较高的种主要有饼干镜蛤、菲律宾蛤仔、毛蚶和扁玉螺，其所占生物量百分比在 9.80%～17.19%；3 m 水深占生物量比例最大的物种为菲律宾蛤仔，为 61.27%，其次为文蛤，为 12.82%，而其他种所占生物量比例均较小；5 m 水深占生物量比例较大的种为宽壳全海笋和扁玉螺，分别为 28.57% 和 20.16%，其他如脉红螺、四角蛤蜊等也占有一定比例（图 3-9）。

总体来看，1.5 m水深2014年10月生物量的主要组成种为文蛤、毛蚶和西施舌，2015年5月生物量的主要组成种为文蛤、饼干镜蛤、毛蚶和菲律宾蛤仔；3 m水深生物量的主要组成种为菲律宾蛤仔。5 m水深生物量很低，两个季节生物量组成差异较大。

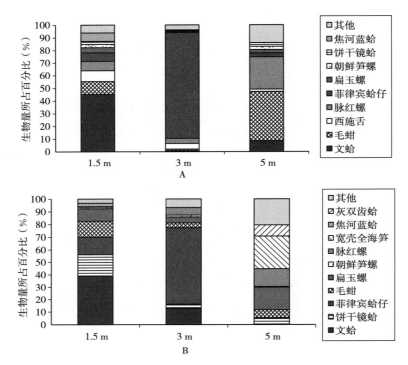

图3-9 黄河口浅海各深度不同季节贝类生物量的种类组成比例

A. 2014年10月　B. 2015年5月

第三节　优　势　种

浅海调查贝类优势种的计算方法同滩涂。

浅海各水深的优势种及优势度如表3-2所示。1.5 m水深优势种较多，2014年10月有8种，分别是文蛤、毛蚶、西施舌、焦河篮蛤、朝鲜笋螺、扁玉螺、小亮樱蛤和脉红螺。2015年5月有6种，分别是文蛤、饼干镜蛤、扁玉螺、毛蚶、焦河篮蛤和朝鲜笋螺。

3 m水深2014年10月的优势种为菲律宾蛤仔，2015年5月的优势种为菲律宾蛤仔和扁玉螺。

5 m水深2014年10月的优势种有3种，分别是纵肋织纹螺、毛蚶和脉红螺，2015年5月的优势种有4种，分别是宽壳全海笋、扁玉螺、纵肋织纹螺和灰双齿蛤。

表 3-2　黄河口浅海不同水深及季节贝类优势种

季节	1.5 m 水深		3 m 水深		5 m 水深	
	优势种	优势度	优势种	优势度	优势种	优势度
2014 年 10 月	文蛤	0.157 7	菲律宾蛤仔	0.046 8	纵肋织纹螺	0.153 0
	毛蚶	0.049 7			毛蚶	0.144 8
	西施舌	0.048 7			脉红螺	0.044 2
	焦河篮蛤	0.035 9				
	朝鲜笋螺	0.025 5				
	扁玉螺	0.024 6				
	小亮樱蛤	0.023 5				
	脉红螺	0.021 8				
2015 年 5 月	文蛤	0.182 4	菲律宾蛤仔	0.036 7	宽壳全海笋	0.090 5
	饼干镜蛤	0.135 2	扁玉螺	0.020 3	扁玉螺	0.057 4
	扁玉螺	0.101 0			纵肋织纹螺	0.031 7
	毛蚶	0.088 2			灰双齿蛤	0.022 1
	焦河篮蛤	0.026 8				
	朝鲜笋螺	0.025 3				

　　浅海贝类优势种在不同水深差异很明显。1.5 m 水深的优势种，2014 年秋季有 8 种，2015 年春季有 6 种，文蛤、毛蚶、扁玉螺、焦河篮蛤和朝鲜笋螺为两个季节共有的优势种。3 m 水深的优势种，2014 年秋季仅有菲律宾蛤仔 1 种，2015 年春季有菲律宾蛤仔和扁玉螺 2 种。5 m 水深的优势种，2014 年秋季有 3 种，2015 年春季有 4 种，纵肋织纹螺为两个季节共有优势种。

　　1.5 m 水深优势种较多，主要原因为 1.5 m 水深多种贝类栖息密度和生物量均较高，没有一种有绝对优势。3 m 水深发现的贝类种数并不少，但由于 11 号与 12 号断面菲律宾蛤仔的大量分布，使得菲律宾蛤仔在栖息密度和生物量上占绝对优势，导致优势种仅菲律宾蛤仔 1 种。5 m 水深发现的贝类种数低于 1.5 m 和 3 m 的，而且大多数断面的贝类栖息密度和生物量均较低。

第四节　多样性指数

一、物种多样性指数

（一）平面分布

1.5 m 水深各断面 2014 年 10 月物种多样性指数变化范围为 0.046～2.910，2015 年 5 月物种多样性指数变化范围为 0～2.799。1.5 m 水深物种多样性指数较高的断面有 4 号、3 号、11 号和 2 号。

3 m 水深各断面 2014 年 10 月物种多样性指数变化范围为 0～2.626，2015 年 5 月物种多样性指数变化范围为 0～2.306。3 m 水深物种多样性指数较高的断面有 2 号、10 号、5 号和 1 号。

5 m 水深各断面 2014 年 10 月物种多样性指数变化范围为 0～2.571，2015 年 5 月物种多样性指数变化范围为 0～2.734。5 m 水深物种多样性指数较高的断面有 3 号、4 号、2 号和 1 号。

浅海不同水深区域在不同季节物种多样性指数较高的断面有所差异，但总体上各季节物种多样性指数较高的断面主要分布于东营市河口区的浅海贝类生态国家级海洋特别保护区和广利河河口附近的浅海贝类护养区，这两个区域也是重要的贝类养护区，与滩涂贝类物种多样性指数较高的区域基本一致。

（二）纵向分布

浅海贝类物种多样性指数纵向分布上两个季节均为 1.5 m 水深最高，3 m 水深次之，5 m 水深最低。1.5 m 水深的物种多样性指数远高于 3 m 和 5 m 水深。1.5 m 水深物种多样性指数两个季节的平均值为 2.129，3 m 水深为 1.168，5 m 水深为 1.057（图 3 - 10）。

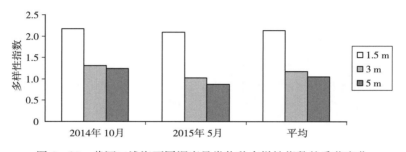

图 3 - 10　黄河口浅海不同深度贝类物种多样性指数的季节变化

1.5 m水深出现贝类种类数最多，且栖息密度和生物量较大的种类较多，总体分布更加均匀，因此，物种多样性指数最高。3 m水深贝类栖息密度和生物量较高的种类与1.5 m水深相似，但12号断面菲律宾蛤仔生物量和栖息密度值非常高，要远高于其他贝类，分布极不均匀，导致物种多样性指数大大降低。5 m水深贝类出现种数较少，明显低于1.5 m和3 m水深，因此物种多样性指数最低。

二、物种均匀度指数

（一）平面分布

1.5 m水深各断面2014年10月物种均匀度指数变化范围为0.029～0.865，2015年5月物种均匀度指数变化范围为0～0.775。1.5 m水深物种均匀度指数较高的断面有10号、3号和4号。

3 m水深各断面2014年10月物种均匀度指数变化范围为0～0.791，2015年5月物种均匀度指数变化范围为0～0.821。3 m水深物种均匀度指数较高的断面有5号、6号、10号和2号。

5 m水深各断面2014年10月物种均匀度指数变化范围为0～0.946，2015年5月物种均匀度指数变化范围为0～0.953。5 m水深物种均匀度指数较高的断面有6号、4号、3号和1号。

浅海各水深区域物种均匀度指数与物种多样性指数较为相似，总体上各季节物种均匀度指数较高的断面分布主要于东营市河口区的浅海贝类生态国家级海洋特别保护区和广利河河口附近的浅海贝类护养区，这两个区域也是重要的贝类养护区，与滩涂均匀度指数较高的区域基本一致。

（二）纵向分布

浅海贝类物种均匀度指数纵向分布上两个季节均为1.5 m水深最高，2014年10月3 m水深最低，2015年5月5 m水深最低。1.5 m水深的物种均匀度指数远高于3 m和5 m水深。1.5 m水深物种均匀度指数两个季节的平均值为0.639，3 m水深为0.468，5 m水深为0.490（图3-11）。

浅海贝类物种均匀度指数纵向分布上两个季节均为1.5 m水深最高，3 m水深和5 m水深均较低。1.5 m水深出现种类数最多，且总体分布较为均匀，因此物种均匀度指数最高。3 m水深贝类由于个别断面菲律宾蛤仔的栖息密度和生物量非常高，导致3 m水深各种类分布极不均匀，使物种均匀度指数大大降低。5 m水深贝类出现种数较少，明显低于1.5 m和3 m水深，因此物种均匀度指数也较低。

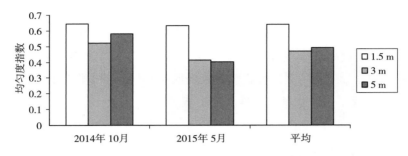

图 3-11 黄河口浅海不同水深贝类物种均匀度指数的季节变化

第四章
黄河口重要
经济贝类

第一节　四角蛤蜊

四角蛤蜊（*Mactra veneriformis*），隶属软体动物门、双壳纲、帘蛤目、蛤蜊科、蛤蜊属（图4-1）。广泛分布于中国广东、江苏、天津、辽宁、山东等沿海地区，属广温广盐性贝类。四角蛤蜊营埋栖生活，生活在滩涂的中潮区、低潮区及浅海的泥沙滩，埋栖深度5～10cm。四角蛤蜊属滤食性动物，食物组成主要是藻类，其摄食没有选择性，流入外套腔内的小型营养物质都能成为它的食料。生长具有较明显的季节性，春、夏两季生长较快，其中，夏季水温25～28℃是它的快速生长期，秋、冬季节生长缓慢。四角蛤蜊雌雄异体，1龄成熟，成熟的性腺包围在内脏团周围，并延伸至足的基部。1龄贝怀卵量为80万～120万粒，2龄贝为120万～200万粒，3～4龄贝为200万～300万粒。

图4-1　四角蛤蜊

在浅海调查中，秋季（10月）四角蛤蜊仅在4-1站位、7-1站位、7-2站位、7-3站位、8-2站位、10-1站位、10-2站位出现，最大栖息密度为4-1站位（637个/hm²），最大生物量也为4-1站位（8.52 kg/hm²），其余站位生物量均小于1 kg/hm²。春季（5月）四角蛤蜊仅在4-1站位、7-2站位、7-3站位、9-1站位、10-3站位、11-1站位出现，最大栖息密度在7-3站位（1 257个/hm²），最大生物量为4-1站位（16.2 kg/hm²）。总的来说，四角蛤蜊主要分布于滩涂，根据滩涂调查情况进行以下分析。

一、栖息密度平面分布及季节变化

1. 春季

四角蛤蜊在各断面出现率为88.9%，仅9号断面、12号断面没有发现，平均栖息密度为38.42个/m²。其中，17号断面四角蛤蜊栖息密度最大，为151.11个/m²，1号断面、5号断面、16号断面的栖息密度也较大。栖息密度最大的站位为17-低（304个/m²），1-低、5-低、6-低、16-低、17-中5个站位的栖息密度也较大。总体来说，四角蛤蜊主要分布在1～5号断面、15～17号断面。具体分布如图4-2所示。

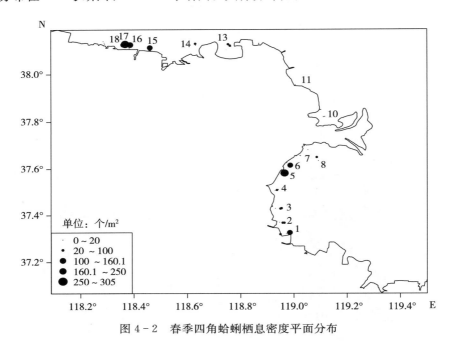

图4-2 春季四角蛤蜊栖息密度平面分布

2. 夏季

四角蛤蜊在各断面出现率为61.1%，平均栖息密度为48.79个/m²。15号断面四角蛤蜊栖息密度最大，为240.00个/m²，16号断面、17号断面栖息密度也较大，分别为238.22个/m²、199.11个/m²。栖息密度最大的站位为16-低（698.72个/m²），5-低、15-中、15-低、17-低4个站位的栖息密度也较大。总体来说，四角蛤蜊主要分布在15～18号断面。具体分布如图4-3所示。

3. 秋季

四角蛤蜊在各断面出现率为72.2%，平均栖息密度为27.75个/m²。16号断面、17号断面四角蛤蜊栖息密度最大，均为117.33个/m²。栖息密度最大的站位为15-低（336个/m²），4-低、17-低2个站位的栖息密度也较大。总体来说，四角蛤蜊主要分布在 2～5 号断面、15～18 号断面。具体分布如图 4-4 所示。

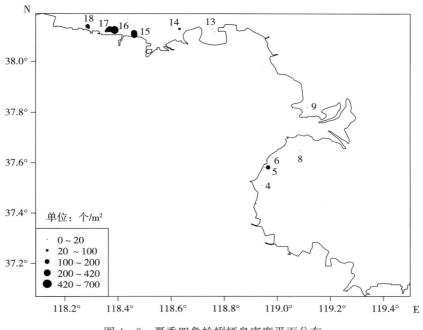

图 4-3　夏季四角蛤蜊栖息密度平面分布

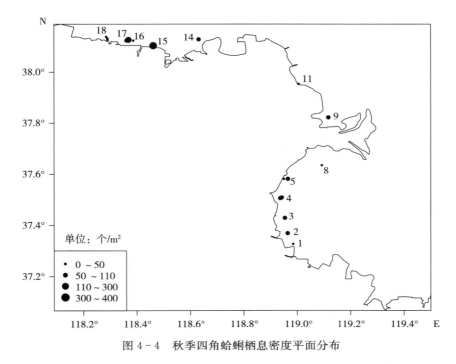

图 4-4　秋季四角蛤蜊栖息密度平面分布

4. 冬季

四角蛤蜊在各断面出现率为 94.4％，仅 10 号断面没有发现，平均栖息密度为 44.15 个/m²。

栖息密度最大的断面为16号断面（161.78个/m²），9号断面、14号断面、17号断面四角蛤蜊栖息密度也较大，分别为135.11个/m²、128.00个/m²、135.11个/m²。四角蛤蜊栖息密度最大的站位为9-低（405.3个/m²），14-低、15-低、16-低、17-低4个站位的栖息密度也较大。总体来说，主要分布在9号断面、15~18号断面。具体分布如图4-5所示。

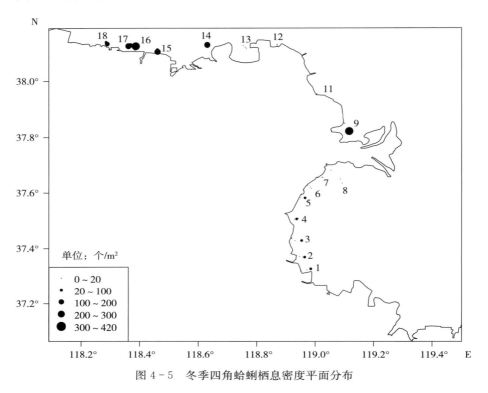

图4-5　冬季四角蛤蜊栖息密度平面分布

从图4-6可以看出，四角蛤蜊栖息密度夏季、冬季较高，分别为48.79个/m²、44.15个/m²；春季、秋季相对较低，分别为38.42个/m²、27.75个/m²。

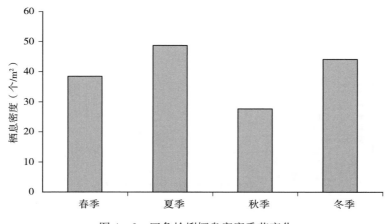

图4-6　四角蛤蜊栖息密度季节变化

二、栖息密度纵向分布及季节变化

1. 春季

高潮区四角蛤蜊平均栖息密度为 22.68 个/m²，中潮区平均栖息密度为 48.44 个/m²，低潮区平均栖息密度为 100.18 个/m²，高潮区、中潮区、低潮区平均栖息密度依次递增。

2. 夏季

高潮区四角蛤蜊平均栖息密度为 34.56 个/m²，中潮区平均栖息密度为 75.84 个/m²，低潮区平均栖息密度为 234.68 个/m²，高潮区、中潮区、低潮区平均栖息密度依次递增。

3. 秋季

高潮区四角蛤蜊平均栖息密度为 0.89 个/m²，中潮区平均栖息密度为 32 个/m²，低潮区平均栖息密度为 102.2 个/m²，高潮区、中潮区、低潮区平均栖息密度依次递增。

4. 冬季

高潮区四角蛤蜊平均栖息密度为 3.26 个/m²，中潮区平均栖息密度为 46.52 个/m²，低潮区平均栖息密度为 75.56 个/m²，高潮区、中潮区、低潮区平均栖息密度依次递增。

从纵向分布来看，夏季各潮区四角蛤蜊平均栖息密度均较大；秋季各潮区平均栖息密度均相对较小（图 4 - 7）。

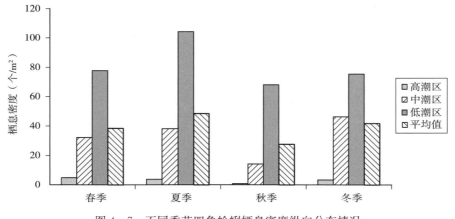

图 4 - 7　不同季节四角蛤蜊栖息密度纵向分布情况

三、生物量平面分布及季节变化

1. 春季

四角蛤蜊的平均生物量为 129.87 g/m²，其中，17 号断面生物量最大，为 1 203.98 g/m²，生物量最大的站位在 17 - 低，为 2 538.88 g/m²，3 - 低、13 - 低、17 -

中 3 个站位生物量也较大。具体分布如图 4-8 所示。

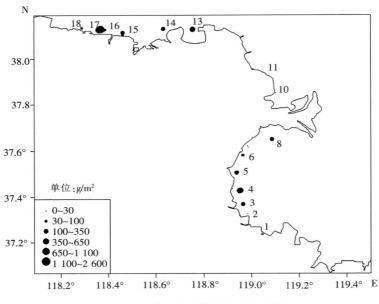

图 4-8　春季四角蛤蜊生物量平面分布

2. 夏季

四角蛤蜊的平均生物量为 80.83 g/m²。其中，5 号断面生物量最大，为 355.09 g/m²；17 号断面、18 号断面生物量较大，分别为 321.60 g/m²、280.00 g/m²。生物量最大的站位在 5-低，为 869.92 g/m²；15-中、16-低、17-中、18-低 4 个站位生物量也较大。具体分布如图 4-9 所示。

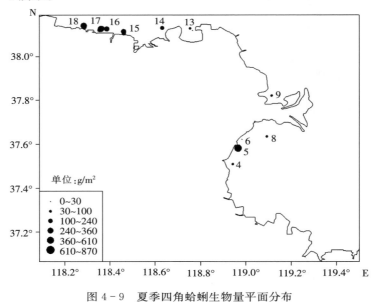

图 4-9　夏季四角蛤蜊生物量平面分布

3. 秋季

四角蛤蜊的平均生物量为 96.4 g/m²。其中，4 号断面生物量最大，为 369.81 g/m²；9 号断面生物量也较大，为 353.87 g/m²。生物量最大的站位在 9 - 低，为 999.36 g/m³；3 - 低、4 - 低、5 - 低 3 个站位生物量也较大。具体分布如图 4 - 10 所示。

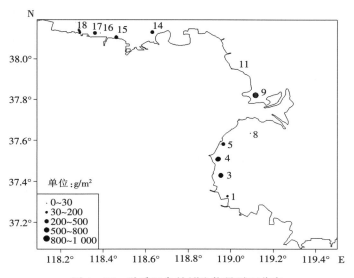

图 4 - 10　秋季四角蛤蜊生物量平面分布

4. 冬季

四角蛤蜊的平均生物量为 212.64 g/m²。其中，9 号断面生物量最大，为 1 311.34 g/m²。生物量最大的站位在 9 - 低，为 3 934.03 g/m²；14 - 中、14 - 低、16 - 低、17 - 中、17 - 低、18 - 中 6 个站位生物量也较大。具体分布如图 4 - 11 所示。

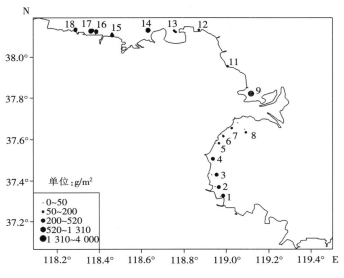

图 4 - 11　冬季四角蛤蜊生物量平面分布

如图4-12所示，冬季四角蛤蜊生物量最大，为212.64 g/m²；其次为春季、秋季、夏季。

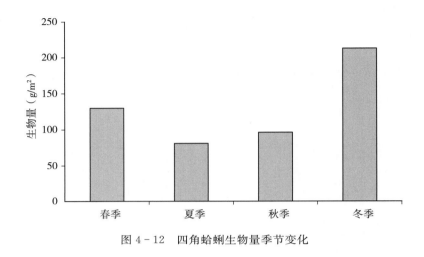

图4-12　四角蛤蜊生物量季节变化

四、生物量纵向分布及季节变化

1. 春季

高潮区四角蛤蜊平均生物量为4.31 g/m²，中潮区平均生物量为135.16 g/m²，低潮区平均生物量为250.14 g/m²。总体上，高潮区四角蛤蜊平均生物量很小，主要在中潮区和低潮区，并且低潮区平均生物量明显较大。

2. 夏季

高潮区四角蛤蜊平均生物量为14.65 g/m²，中潮区平均生物量为81.94 g/m²，低潮区平均生物量为145.91 g/m²。总体上，高潮区、中潮区、低潮区平均生物量依次递增。

3. 秋季

高潮区四角蛤蜊平均生物量为4.04 g/m²，中潮区平均生物量为59.98 g/m²，低潮区平均生物量为225.17 g/m²。总体上，高潮区四角蛤蜊平均生物量很小，中潮区和低潮区生物量较大，且低潮区生物量明显大于中潮区生物量。

4. 冬季

高潮区四角蛤蜊平均生物量为11.78 g/m²，中潮区平均生物量为201.03 g/m²，低潮区平均生物量为425.12 g/m²。总体上，高潮区、中潮区、低潮区平均生物量依次递增。

从图4-13可以看出，各个季节四角蛤蜊纵向分布明显，高潮区生物量较小，低潮区和中潮区生物量较大。冬季各潮区四角蛤蜊生物量均较大，夏季各潮区四角蛤蜊生物量均较小。

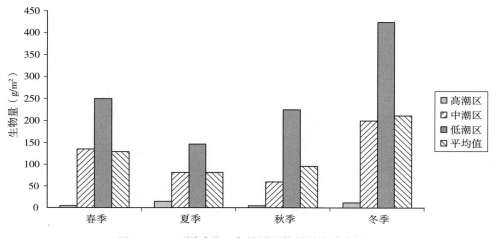

图 4-13 不同季节四角蛤蜊生物量纵向分布情况

四角蛤蜊为黄河口滩涂重要的经济贝类，平均栖息密度和平均生物量分别为 35.69 个/m²、127.23 g/m²。在调查区各断面均有分布，主要分布在 2～5 号断面、9 号断面、15～18 号断面，即广利河到永丰河区域、黄河入海口、河口北部滩涂。四角蛤蜊栖息密度夏季最高，其次是冬季。可能是因为四角蛤蜊繁殖期在春季、秋季，夏季和冬季正好是幼体数量最多的时候。生物量冬季最大，其次是春季。四角蛤蜊生长具有较明显的季节性，春、夏季生长较快，其中，夏季水温 25～28 ℃是它的快速生长期，秋、冬季生长缓慢。

第二节 文 蛤

文蛤（*Meretrix meretrix*），隶属软体动物门、双壳纲、帘蛤目、帘蛤科、文蛤属（图 4-14）。最适宜文蛤生长的海水温度为 15～25 ℃。文蛤生长速度随个体大小而有明显差异，个体较小的文蛤，其壳长和体重增长速度远远超过个体大的文蛤。饵料丰富的河口附近以及密度稀的区域，生长较快，文蛤的肥满度从春季开始增高，繁殖期达到最高值，以后逐渐下降。文蛤的生长也与底质有关，一般沙质滩生长速度优于泥质滩。文蛤营埋栖生活，靠自身斧足的钻掘能力潜入沙中，埋栖深度随季节、个体大小及底质而异。文蛤有迁移特性，能分泌黏液形成袋状胶质浮囊，借助潮流迁移，常发生在升温期和降温期，成贝也常借助腹足在海底缓慢爬行。随着个体生长而逐渐向低潮区或浅水区迁移，不同潮区分布着不同大小的文蛤。通常，幼苗分布在高潮区和中潮区的交界处，成贝分布在中潮区和低潮区。文蛤的饵料主要以微小的浮游藻类和底栖硅藻类为主，兼食其他浮游植物、原生动物、无脊椎动物幼虫和有机碎屑。文蛤雌雄异体，无性变现象，一般 2 年性成熟，成熟的性腺包围在内脏块周围并延伸至足的基部，在繁殖季节用肉眼观察性腺时可分辨雌雄，雄性性腺乳白色，雌性性腺淡黄色。

图 4-14 文 蛤

在浅海调查中，秋季（10月）文蛤主要在1号断面、2号断面、3号断面、11号断面、12号断面出现。其中，栖息密度最大的站位为12-1（1 637个/hm²）；1-1站位、1-2站位栖息密度也较大，分别为1 537个/hm²、1 087个/hm²。生物量最大的站位为12-1（356 kg/hm²），1-1站位文蛤生物量为23 kg/hm²，其余站位生物量均很小。春季（5月）文蛤主要出现在1-1站位、1-2站位、2-1站位、12-1站位。其中，栖息密度最大的站位为12-1（7 800个/hm²），1-1站位、1-2站位栖息密度也较大，分别为1 312个/hm²、1 460个/hm²。生物量最大的站位为12-1（396 kg/hm²）；其余站位生物量均很小。总的来说，文蛤主要分布于滩涂，根据滩涂调查情况进行以下分析。

一、栖息密度平面分布及季节变化

1. 春季

文蛤仅在4号断面、14号断面、15号断面、16号断面、17号断面出现，在各断面出现率为27.8%，平均栖息密度为24.59个/m²。其中，15号断面栖息密度最大，为224个/m²；16号断面的栖息密度也较大。栖息密度最大的站位为15-中（618个/m²）；16-中站位、16-低站位的栖息密度也较大。总体来说，文蛤主要分布在15~17号断面。具体分布如图4-15所示。

2. 夏季

文蛤在15号断面、16号断面、17号断面、18号断面出现，在各断面出现率为22.2%，平均栖息密度为43.06个/m²。15号断面栖息密度最大，为296.89个/m²；16号断面栖息密度也较大，为291.56个/m²。栖息密度最大的站位为16-低（816个/m²）；15-中、15-低、17-中3个站位的栖息密度也较大。总体来说，文蛤主要分布在15~

18 号断面。具体分布如图 4-16 所示。

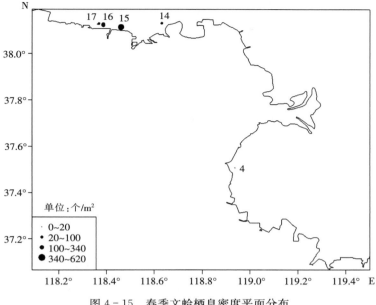

图 4-15 春季文蛤栖息密度平面分布

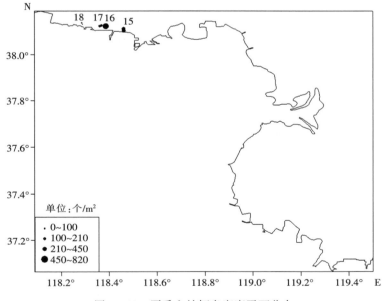

图 4-16 夏季文蛤栖息密度平面分布

3. 秋季

文蛤在 15 号断面、16 号断面、17 号断面、18 号断面出现，在各断面出现率为 22.2%，平均栖息密度为 15.8 个/m²。18 号断面文蛤栖息密度最大，为 128 个/m²；栖息密度最大的站位为 18-中（197.28 个/m²）；17-中、17-低、18-低 3 个站位的栖息密度也较大。总体来说，文蛤主要分布在 15～18 号断面。具体分布如图 4-17 所示。

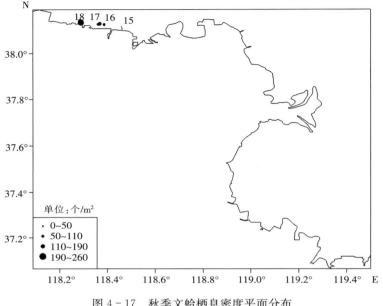

图 4-17　秋季文蛤栖息密度平面分布

4. 冬季

文蛤在 15 号断面、16 号断面、17 号断面、18 号断面出现，在各断面出现率为 22.2%，平均栖息密度为 47.11 个/m²。16 号断面栖息密度最大，为 480 个/m²；栖息密度最大的站位为 16 - 低（1 164.67 个/m²）；15 - 低、16 - 中、18 - 高 3 个站位的栖息密度也较大。总体来说，文蛤主要分布在 15～18 号断面。具体分布如图 4-18 所示。

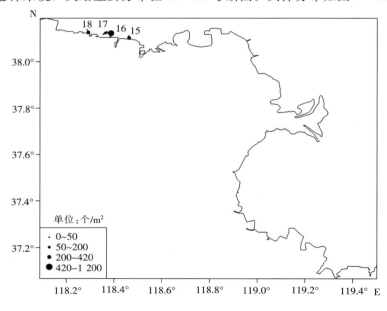

图 4-18　冬季文蛤栖息密度平面分布

从图 4-19 可以看出，文蛤栖息密度冬季、夏季较高，分别为 47.11 个/m²、43.06 个/m²；春季、秋季相对较低，分别为 24.59 个/m²、15.8 个/m²。

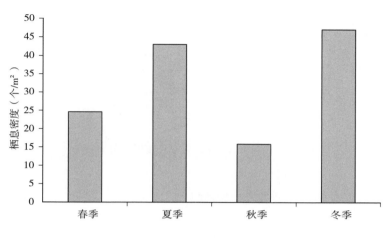

图 4-19　文蛤栖息密度季节变化

二、栖息密度纵向分布及季节变化

1. 春季

高潮区没有发现文蛤，中潮区文蛤平均栖息密度为 46.81 个/m²，低潮区平均栖息密度为 26.96 个/m²。文蛤主要分布在中潮区和低潮区。

2. 夏季

高潮区平均栖息密度为 1.48 个/m²，中潮区平均栖息密度为 42.97 个/m²，低潮区平均栖息密度为 84.74 个/m²。高潮区、中潮区、低潮区平均栖息密度依次递增。

3. 秋季

高潮区没有发现文蛤，中潮区平均栖息密度为 18.07 个/m²，低潮区平均栖息密度为 29.03 个/m²。高潮区、中潮区、低潮区平均栖息密度依次递增。

4. 冬季

高潮区平均栖息密度为 24.00 个/m²，中潮区平均栖息密度为 26.07 个/m²，低潮区平均栖息密度为 70.96 个/m²。高潮区、中潮区、低潮区平均栖息密度依次递增。

从纵向分布来看，冬季和夏季文蛤纵向分布明显，低潮区数量均明显多于中潮区，其他季节不明显（图 4-20）。

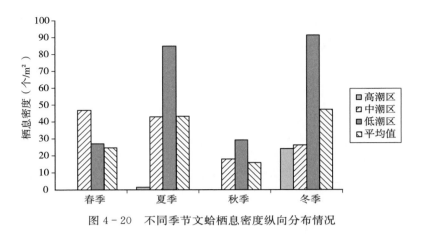

图4-20　不同季节文蛤栖息密度纵向分布情况

三、生物量平面分布及季节变化

1. 春季

文蛤的平均生物量为 8.55 g/m²。其中，17 号断面生物量最大，为 48.85 g/m²。生物量最大的站位在 17 - 低，为 134.24 g/m²；14 - 中、15 - 中、16 - 低 3 个站位生物量也较大。具体分布如图 4 - 21 所示。

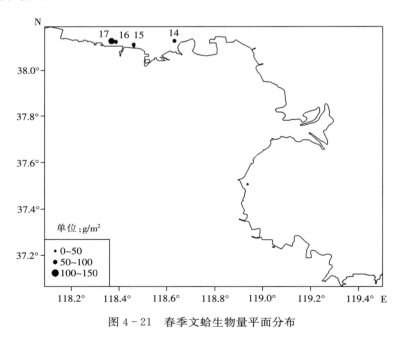

图4-21　春季文蛤生物量平面分布

2. 夏季

文蛤的平均生物量为 21.75 g/m²。其中，16 号断面生物量最大，为137.92 g/m²；15 号断面生物量也较大。生物量最大的站位在 16 - 低，为 398.56 g/m²；15 - 中、15 - 低、

17 - 低 3 个站位生物量也较大。具体分布如图 4 - 22 所示。

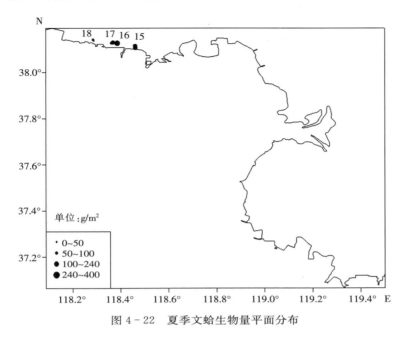

图 4 - 22　夏季文蛤生物量平面分布

3. 秋季

文蛤的平均生物量为 15.09 g/m²。其中，18 号断面生物量最大，为 110.93 g/m²。生物量最大的站位在 18 - 低，为 170.24 g/m²；17 - 低、18 - 中 2 个站位生物量也较大。具体分布如图 4 - 23 所示。

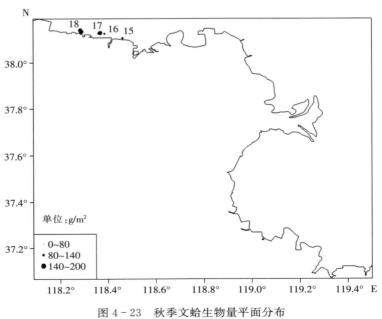

图 4 - 23　秋季文蛤生物量平面分布

4. 冬季

文蛤的平均生物量为 36.63 g/m²。其中，16 号断面生物量最大，为 370.1 g/m²。生物量最大的站位在 16 - 低，为 860.85 g/m²；15 - 低、16 - 中、18 - 高 3 个站位生物量也较大。具体分布如图 4 - 24 所示。

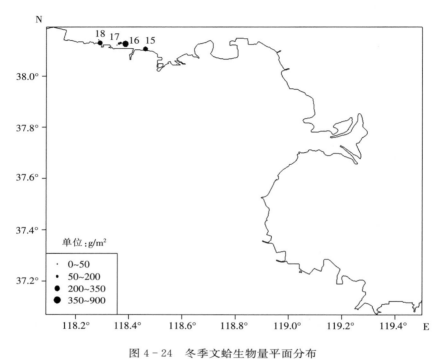

图 4 - 24　冬季文蛤生物量平面分布

如图 4 - 25 所示，冬季文蛤生物量最大，为 36.63 g/m²；其次为夏季、秋季、春季。

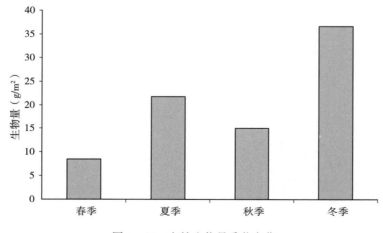

图 4 - 25　文蛤生物量季节变化

四、生物量纵向分布及季节变化

1. 春季

中潮区文蛤平均生物量为 9.50 g/m²，低潮区平均生物量为 16.74 g/m²。总体上，低潮区生物量大于中潮区生物量。

2. 夏季

高潮区平均生物量为 0.14 g/m²，中潮区平均生物量为 18.40 g/m²，低潮区平均生物量为 46.67 g/m²。总体上，高潮区、中潮区、低潮区平均生物量依次递增。

3. 秋季

中潮区文蛤平均生物量为 16.18 g/m²，低潮区平均生物量为 29.03 g/m²。总体上，低潮区生物量大于中潮区生物量。

4. 冬季

高潮区平均生物量为 13.13 g/m²，中潮区平均生物量为 23.69 g/m²，低潮区平均生物量为 73.07 g/m²。总体上，高潮区、中潮区、低潮区平均生物量依次递增。

从纵向分布来看，冬季和夏季文蛤纵向分布明显，低潮区生物量均明显多于中潮区，其他季节不明显（图 4 - 26）。

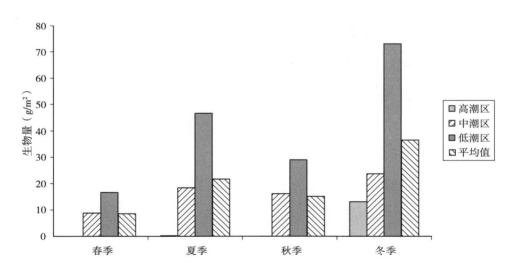

图 4 - 26　不同季节文蛤生物量纵向分布情况

文蛤的平均栖息密度和平均生物量分别为 32.64 个/m²、20.14 g/m²，主要分布在断面 15 - 18，即河口北部区域，是黄河口滩涂文蛤主产区。冬季和夏季文蛤栖息密度较高，春季和秋季较低。文蛤生物量也是冬季最大，秋季和春季较少。文蛤主要分布在滩涂的中潮区和低潮区，高潮区很少。

第三节 青 蛤

青蛤（*Cyclina sinensis*），俗称黑蛤、铁蛤、圆蛤和牛眼蛤等。隶属软体动物门、双壳纲、帘蛤目、帘蛤科、青蛤属，为一种常见的底栖贝类。主要分布于朝鲜、日本和东南亚一带以及我国沿海，生活在近高潮区和中潮区的泥沙滩中，并多在有淡水流入的河口附近，为渤海、黄海沿岸常见种。青蛤属埋栖型贝类，在泥沙中壳的前端向下、后缘向上。主要滤食底栖硅藻，以新月菱形藻、圆筛藻、羽纹藻、扁藻和舟形藻居多，还有桡足类残肢和有机碎屑等。在适温范围内，温度越高，摄食活动越强，新陈代谢越旺盛；但青蛤个体大小的差异，并不引起食料组成的改变。青蛤雌雄异体，满一年可达性成熟，每年性成熟1次，繁殖期因地而异。山东沿海青蛤繁殖期为7月至9月上旬，水温22～29 ℃。

图 4 - 27 青 蛤

在浅海调查中，各站位均没有发现青蛤。青蛤主要分布于滩涂，根据滩涂调查情况进行以下分析。

一、栖息密度平面分布及季节变化

1. 春季

青蛤仅在1号断面、10号断面、13号断面出现，出现率为16.7%，平均栖息密度为0.89个/m²。其中，10号断面栖息密度最大，为8.89个/m²。栖息密度最大的站位为10 -高、10 - 低、13 - 低，均为10.72个/m²。具体分布如图4 - 28所示。

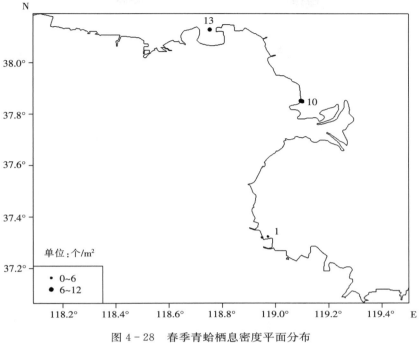

图 4 - 28　春季青蛤栖息密度平面分布

2. 夏季

青蛤在各断面出现率为 33.3%，平均栖息密度为 0.89 个/m²。其中，3 号断面栖息密度最大，为 5.33 个/m²。栖息密度最大的站位为 3 - 低（10.72 个/m²）。具体分布如图 4 - 29 所示。

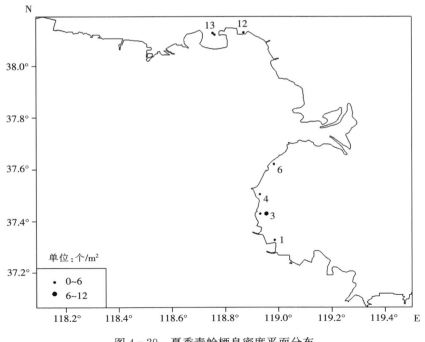

图 4 - 29　夏季青蛤栖息密度平面分布

3. 秋季

青蛤在各断面出现率为 27.8%，平均栖息密度为 0.89 个/m²。其中，13 号断面栖息密度最大，为 5.33 个/m²。栖息密度最大的站位为 13 - 低（10.72 个/m²）。具体分布如图 4 - 30 所示。

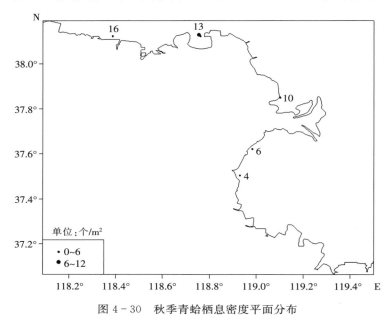

图 4 - 30　秋季青蛤栖息密度平面分布

4. 冬季

青蛤在各断面出现率为 27.8%，平均栖息密度为 1.19 个/m²。其中，12 号断面栖息密度最大，为 8.89 个/m²。栖息密度最大的站位为 12 - 中（26.67 个/m²）。具体分布如图 4 - 31 所示。

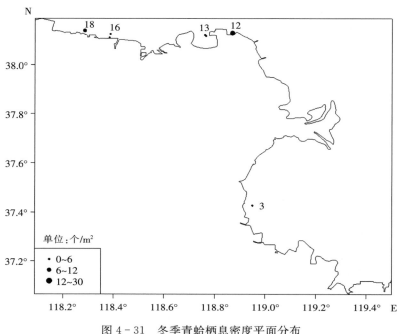

图 4 - 31　冬季青蛤栖息密度平面分布

从平面分布来看，青蛤在各断面出现率较低，平均栖息密度很小。冬季栖息密度最大，仅为 1.19 个/m²；其他季节变化不明显（图 4-32）。

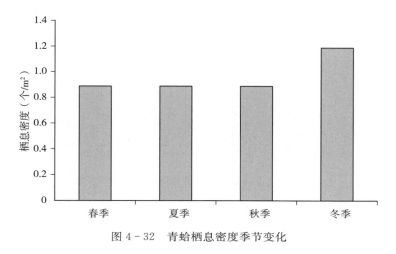

图 4-32 青蛤栖息密度季节变化

二、栖息密度纵向分布及季节变化

1. 春季

在 1 号断面、10 号断面高潮区发现青蛤，高潮区平均栖息密度为 0.89 个/m²；在 1 号断面、10 号断面中潮区发现青蛤，中潮区平均栖息密度为 0.59 个/m²；在 10 号断面、13 号断面低潮区发现青蛤，低潮区平均栖息密度为 0.89 个/m²。

2. 夏季

在 3 号断面、4 号断面高潮区发现青蛤，高潮区平均栖息密度为 0.59 个/m²；在 6 号断面、12 号断面、13 号断面中潮区发现青蛤，中潮区平均栖息密度为 0.88 个/m²；在 1 号断面、13 号断面低潮区发现青蛤，低潮区平均栖息密度为 0.59 个/m²。

3. 秋季

仅在 4 号断面高潮区发现青蛤，高潮区平均栖息密度为 0.29 个/m²；在 6 号断面、13 号断面、16 号断面中潮区发现青蛤，中潮区平均栖息密度为 0.88 个/m²；在 10 号断面、13 号断面低潮区发现青蛤，低潮区平均栖息密度为 0.89 个/m²。

4. 冬季

在 13 号断面、16 号断面高潮区发现青蛤，高潮区平均栖息密度为 0.59 个/m²；在 3 号断面、11 号断面、12 号断面中潮区发现青蛤，中潮区平均栖息密度为 2.07 个/m²；在 15 号断面、16 号断面、18 号断面低潮区发现青蛤，低潮区平均栖息密度为 1.78 个/m²。

从图 4-33 看出，冬季中潮区青蛤栖息密度较大；各季节青蛤纵向分布规律不明显，栖息密度变化很小。

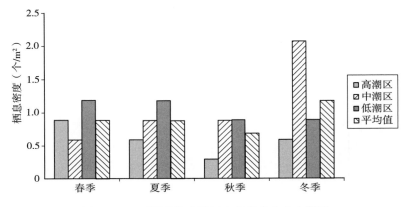

图 4 - 33   不同季节青蛤栖息密度纵向分布情况

三、生物量平面分布及季节变化

1. 春季

青蛤的平均生物量为 5.88 g/m²。其中，生物量最大的断面是 13 号断面，为 56.37 g/m²。生物量最大的站位在 13 - 低，为 169.12 g/m²。具体分布如图 4 - 34 所示。

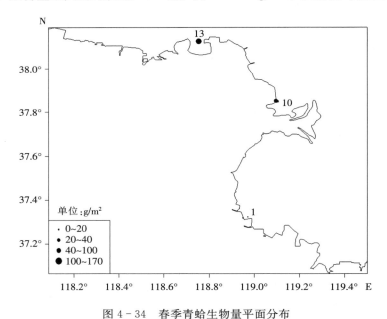

图 4 - 34   春季青蛤生物量平面分布

2. 夏季

青蛤的平均生物量为 6.33 g/m²。其中，3 号断面生物量最大，为 56.16 g/m²。生物量最大的站位在 3 - 高，为 94.88 g/m²。具体分布如图 4 - 35 所示。

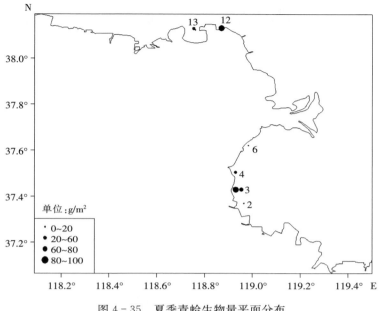

图 4 - 35 夏季青蛤生物量平面分布

3. 秋季

青蛤的平均生物量为 0.87 g/m²。其中，16 号断面生物量最大，为 9.23 g/m²。生物量最大的站位在 16 - 中，为 27.68 g/m²。具体分布如图 4 - 36 所示。

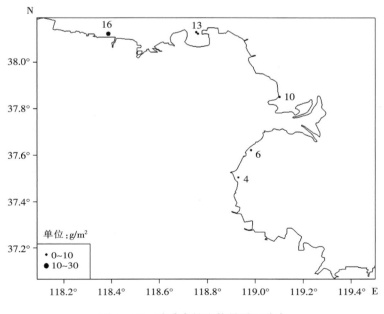

图 4 - 36 秋季青蛤生物量平面分布

4. 冬季

青蛤的平均生物量为 4.10 g/m²。其中，12 号断面生物量最大，为43.06 g/m²。生物量最大的站位在 12 - 中，为 129.17 g/m²。具体分布如图 4 - 37 所示。

从平面分布来看，青蛤资源生物量在秋季最小，其他季节变化不明显（图 4 - 38）。

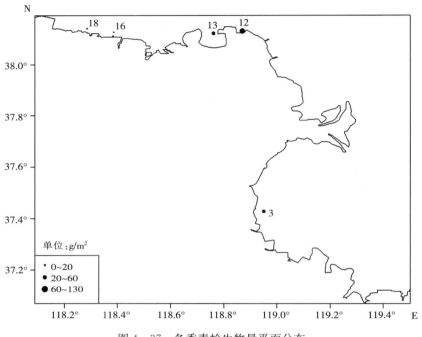

图 4 - 37　冬季青蛤生物量平面分布

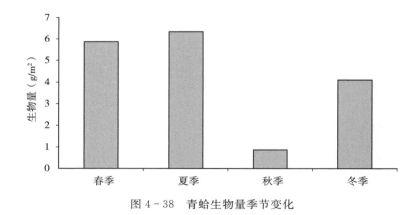

图 4 - 38　青蛤生物量季节变化

四、生物量纵向分布及季节变化

1. 春季

高潮区平均生物量为 3.92 g/m²，中潮区平均生物量为 2.21 g/m²，低潮区平均生物量为 11.5 g/m²。总体上，低潮区生物量大于中潮区。

2. 夏季

高潮区平均生物量为 7.14 g/m²，中潮区平均生物量为 4.79 g/m²，低潮区平均生物量为 7.07 g/m²。

3. 秋季

高潮区平均生物量为 0.36 g/m²，中潮区平均生物量为 1.71 g/m²，低潮区平均生物量为 0.54 g/m²。

4. 冬季

高潮区平均生物量为 0.11 g/m²，中潮区平均生物量为 11.99 g/m²，低潮区平均生物量为 0.20 g/m²。中潮区生物量明显大于其他潮区。

从纵向分布来看，冬季中潮区生物量较大，秋季各潮区生物量最小（图 4-39）。

青蛤平均栖息密度和平均生物量分别为 0.96 个/m²、4.30 g/m²。资源数量很少，冬季相对较多，夏季生物量较多，秋季最少。各潮区均有发现，纵向分布不明显。

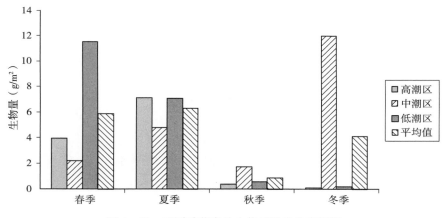

图 4-39　不同季节青蛤生物量纵向分布情况

第四节　泥　　螺

泥螺（*Bullacta exarata*），俗称麦螺、梅螺、黄泥螺、吐铁等。隶属于软体动物门、腹足纲、后鳃亚纲、头循目、阿地螺科、泥螺属，是一种分布于我国沿海滩涂的小型经济贝类（图 4-40）。在自然海区，泥螺一般栖息于中、低潮区滩涂泥质或泥沙质滩涂中，冬季分布潮区比春、夏季分布潮区要低。退潮后，泥螺在滩涂表面匍匐爬行，进行摄食。泥螺为杂食性腹足类，摄食时翻出齿舌在涂泥表面舔食，饵料的主要种类为底栖硅藻，如舟形藻属、菱形藻属、布纹藻属、斜纹藻属、圆筛藻属、脆杆藻属等，此外，还有大量的有机碎屑、泥沙及小型甲壳类、无脊椎动物的卵等。浮游幼虫阶段为滤食性，主要依靠纤毛摆动滤食水体中的浮游单细胞藻类，对食物没有严格的选择性。泥螺为雌雄同体、异体受精的种类，沿海繁殖季节为3—11月。

图 4-40　泥　螺

在浅海调查中，各站位均没有发现泥螺。泥螺主要分布于滩涂，根据滩涂调查情况进行以下分析。

一、栖息密度平面分布及季节变化

1. 春季

泥螺在各断面出现率为77.8%，平均栖息密度为56.2个/m²。其中，5号断面栖息密度最大，为268.4个/m²；2号断面、6号断面的栖息密度也较大。栖息密度最大的站位为5-高（768个/m²），1-中、2-高、3-高、6-低4个站位栖息密度也较大，均在200个/m²以上。具体分布如图4-41所示。

2. 夏季

泥螺在各断面出现率为83.3%，平均栖息密度为12.94个/m²。其中，9号断面栖息密度最大，为56.89个/m²；5号断面的栖息密度也较大。栖息密度最大的站位为9-高（160个/m²）。栖息密度在100个/m²以上的站位有2个（9-高和5-高）。具体分布如图4-42所示。

3. 秋季

泥螺在各断面出现率为55.6%，平均栖息密度为3.36个/m²。其中，5号断面、16号断面栖息密度最大，均为16.0个/m²。栖息密度最大的站位为5-高（48个/m²）。具体分布如图4-43所示。

4. 冬季

泥螺在各断面出现率为38.9%，平均栖息密度为1.48个/m²。其中，3号断面栖息密度最大，为 7.11 个/m²；9 号断面的栖息密度也较大。栖息密度最大的站位为 9 - 高（16 个/m²）。具体分布如图 4 - 44 所示。

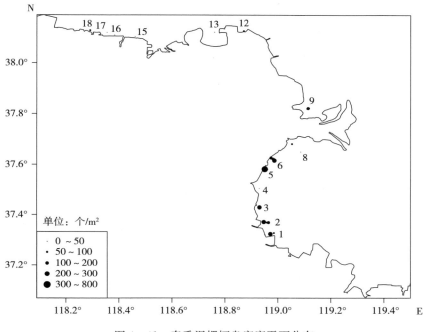

图 4 - 41　春季泥螺栖息密度平面分布

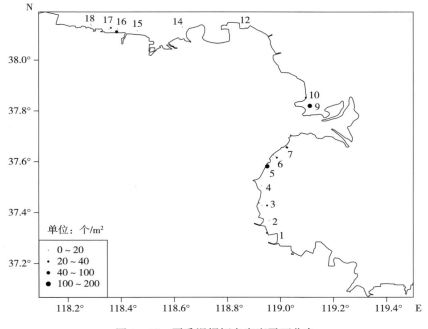

图 4 - 42　夏季泥螺栖息密度平面分布

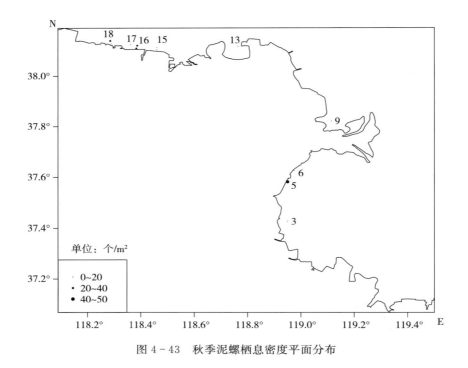

图 4 - 43　秋季泥螺栖息密度平面分布

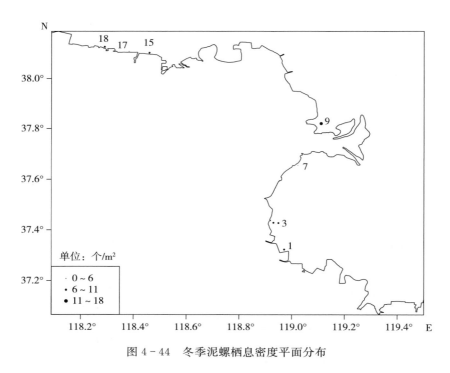

图 4 - 44　冬季泥螺栖息密度平面分布

从平面分布来看，泥螺资源数量由多到少为春季、夏季、秋季、冬季（图 4 - 45）。

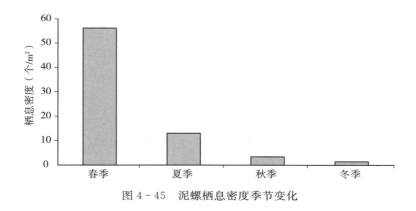

图 4-45 泥螺栖息密度季节变化

二、栖息密度纵向分布及季节变化

1. 春季

高潮区泥螺平均栖息密度为 102.2 个/m²，中潮区平均栖息密度为35.6 个/m²，低潮区为 30.2 个/m²。总体上，泥螺主要分布在高潮区和中潮区，在低潮区数量较少。

2. 夏季

高潮区泥螺平均栖息密度为 28.15 个/m²，中潮区平均栖息密度为7.41 个/m²，低潮区平均栖息密度为 3.26 个/m²。

3. 秋季

高潮区泥螺平均栖息密度为 6.2 个/m²，中潮区平均栖息密度为2.67 个/m²，低潮区平均栖息密度为 1.2 个/m²。

4. 冬季

高潮区泥螺平均栖息密度为 2.96 个/m²，中潮区平均栖息密度为1.48 个/m²，低潮区没有发现泥螺。

从纵向分布来看，各潮区平均栖息密度由高潮区、中潮区、低潮区依次减少，并且春季各潮区平均栖息密度均为各季节中最大（图 4-46）。

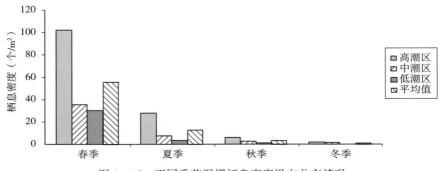

图 4-46 不同季节泥螺栖息密度纵向分布情况

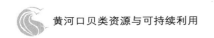

三、生物量平面分布及季节变化

1. 春季

泥螺的平均生物量为 10.18 g/m²。其中，1 号断面生物量最大，为 36.52 g/m²。生物量最大的站位在 3 – 高，为 89.97 g/m²；1 – 中站位生物量也较大。具体分布如图 4 – 47 所示。

2. 夏季

泥螺的平均生物量为 15.80 g/m²。其中，16 号断面生物量最大，为 44.53 g/m²。生物量最大的站位在 5 – 高，为 111.15 g/m²；6 – 低、9 – 高、16 – 高 3 个站位生物量也较大。具体分布如图 4 – 48 所示。

3. 秋季

泥螺的平均生物量为 3.69 g/m²。其中，16 号断面生物量最大，为 18.22 g/m²。生物量最大的站位在 18 – 低，为 47.31 g/m²。具体分布如图 4 – 49 所示。

4. 冬季

泥螺的平均生物量为 2.00 g/m²。其中，1 号断面生物量最大，为 13.97 g/m²。生物量最大的站位在 1 – 中，为 41.92 g/m²。具体分布如图 4 – 50 所示。

从平面分布来看，泥螺平均生物量夏季最大，秋季、冬季较小（图 4 – 51）。

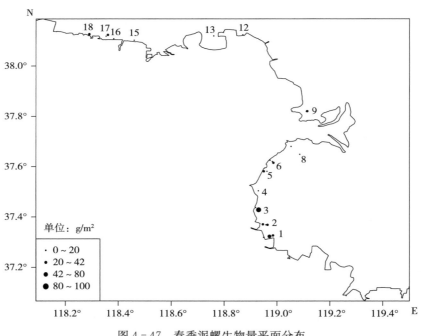

图 4 – 47　春季泥螺生物量平面分布

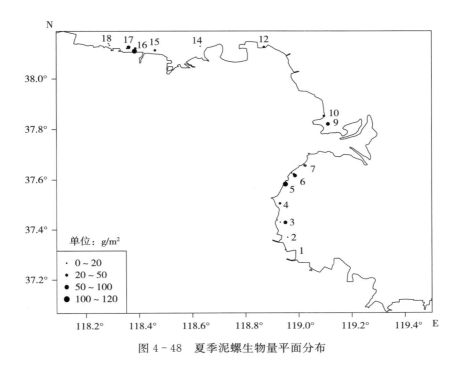

图 4 - 48 夏季泥螺生物量平面分布

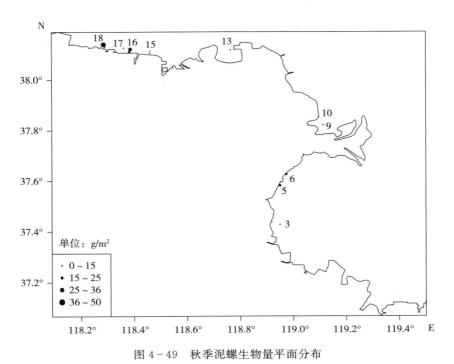

图 4 - 49 秋季泥螺生物量平面分布

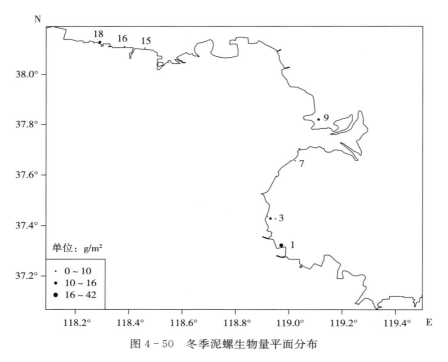

图 4 - 50　冬季泥螺生物量平面分布

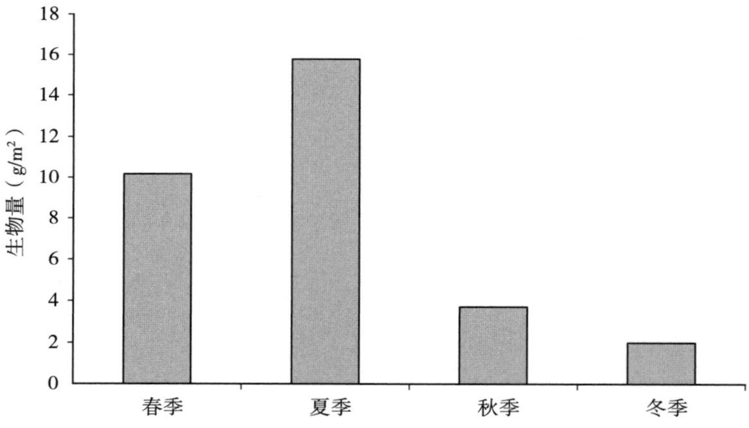

图 4 - 51　泥螺生物量季节变化

四、生物量纵向分布及季节变化

1. 春季

高潮区泥螺平均生物量为 14.84 g/m²，中潮区泥螺平均生物量为9.84 g/m²，低潮区泥螺平均生物量为 5.86 g/m²。总体上说，高潮区、中潮区、低潮区平均生物量依次递减。

2. 夏季

高潮区泥螺平均生物量为 24.11 g/m²，中潮区泥螺平均生物量为 15.97 g/m²，低潮区泥螺平均生物量为 7.31 g/m²。总体上，高潮区、中潮区、低潮区平均生物量依次递减。

3. 秋季

高潮区泥螺平均生物量为 7.7 g/m²，中潮区泥螺平均生物量为 3.36 g/m²，低潮区泥螺平均生物量为 2.63 g/m²。总体上，高潮区、中潮区、低潮区平均生物量依次递减。

4. 冬季

高潮区泥螺平均生物量为 2.79 g/m²，中潮区泥螺平均生物量为 3.22 g/m²。总体上，高潮区、中潮区生物量高于低潮区。

从纵向分布来看，随着季节从春季到冬季，各潮区泥螺生物量依次减少，而且高潮区、中潮区比低潮区生物量大（图 4-52）。

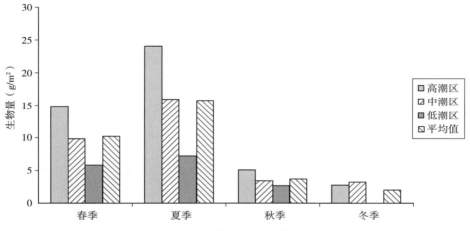

图 4-52 不同季节泥螺生物量纵向分布情况

泥螺的平均栖息密度和平均生物量分别为 18.50 个/m²、7.92 g/m²。泥螺广泛分布在黄河口滩涂，春季资源数量最多，冬季最少。主要分布在高潮区，低潮区很少。春季和夏季生物量最大，冬季最小。

第五节 光滑河篮蛤

光滑河篮蛤（*Potamocorbula laevis*），隶属软体动物门、双壳纲、帘蛤目、篮蛤科、河篮蛤属（图 4-53）。在我国沿海均有分布，系广温性底栖贝类。主要栖息于滩涂或浅海泥沙底质海底。光滑河篮蛤呈半埋栖生活，喜群居，栖息密度大，可借潮流冲击力短距离移动。为滤食性，主要摄食较底层的浮游动、植物，主要食物为硅藻类和有机碎屑。光滑河篮蛤一般为雌雄异体，在繁殖高峰期，雌性性腺呈乳白色，雄性则为粉红色。在一年中有 2 次产卵高峰期，分别在 5 月初和 9 月底。

图 4-53　光滑河篮蛤

在浅海调查中，秋季（10月）仅在 1-1 站位发现，栖息密度为 25 个/hm²，生物量为 0.006 kg/hm²；春季（5月）各站位没有发现光滑河篮蛤。光滑河篮蛤主要分布于滩涂，根据滩涂调查情况进行以下分析。

一、栖息密度平面分布及季节变化

1. 春季

光滑河篮蛤在各断面出现率为 61.1%，平均栖息密度为 22.82 个/m²。1号断面栖息密度最大，为 190.22 个/m²；10号断面栖息密度也较大。栖息密度最大的站位为 10-高（458.72 个/m²）；1-中、1-低 2个站位的栖息密度也较大（图 4-54）。

2. 夏季

光滑河篮蛤在各断面出现率为 72.2%，平均栖息密度为 964.64 个/m²。4号断面栖息密度最大，为 2 410.67 个/m²；2号断面、18号断面栖息密度也较大。栖息密度最大的站位为 2-中（7 125.28 个/m²）；4-中、5-中、8-低、16-高、18-高 5个站位的栖息密度也较大（图 4-55）。

3. 秋季

光滑河篮蛤在各断面出现率为 77.8%，平均栖息密度为 562.07 个/m²。10号断面栖息密度最大，为 3 626.67 个/m²。栖息密度最大的站位为 10-中（4 474.72 个/m²）；2-低、10-高、13-低 3个站位的栖息密度也较大（图 4-56）。

4. 冬季

光滑河篮蛤在各断面出现率为 66.7%，平均栖息密度为 183.3 个/m²。10号断面栖息密度最大，为 785.78 个/m²。栖息密度最大的站位为 1-高（1 888 个/m²）；2-低、

10-中、10-低3个站位的栖息密度也较大（图4-57）。

从平面分布来看，光滑河篮蛤在夏季和秋季资源数量较大，分别为964.64个/m²、562.07个/m²；春季相对较小（图4-58）。

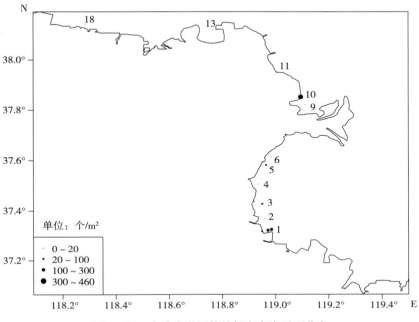

图4-54　春季光滑河篮蛤栖息密度平面分布

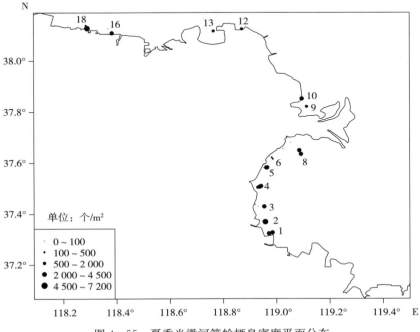

图4-55　夏季光滑河篮蛤栖息密度平面分布

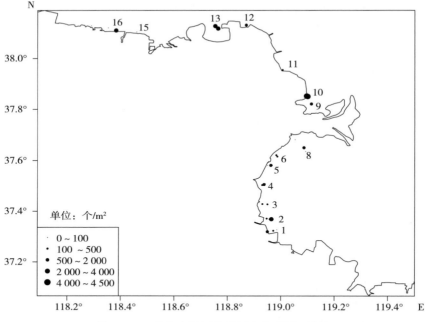

图 4-56　秋季光滑河篮蛤栖息密度平面分布

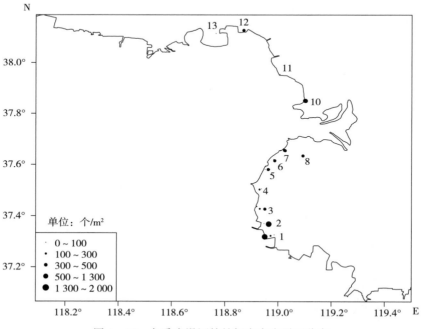

图 4-57　冬季光滑河篮蛤栖息密度平面分布

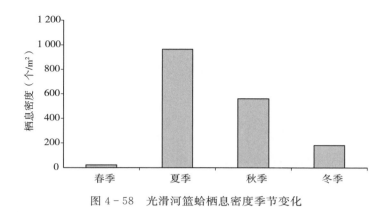

图 4 - 58 光滑河篮蛤栖息密度季节变化

二、栖息密度纵向分布及季节变化

1. 春季

高潮区光滑河篮蛤平均栖息密度为 32.00 个/m²，中潮区平均栖息密度为 20.74 个/m²，低潮区平均栖息密度为 15.71 个/m²。总体上各潮区数量较少，分布相差不大。

2. 夏季

高潮区光滑河篮蛤平均栖息密度为 911.10 个/m²，中潮区平均栖息密度为 1 182.8 个/m²，低潮区平均栖息密度为 800 个/m²。各潮区栖息密度都较大，中潮区最大。

3. 秋季

高潮区光滑河篮蛤平均栖息密度为 591.70 个/m²，中潮区平均栖息密度为 501.30 个/m²，低潮区平均栖息密度为 593.20 个/m²。各潮区栖息密度相差不大。

4. 冬季

高潮区光滑河篮蛤平均栖息密度为 149.04 个/m²，中潮区平均栖息密度为 1 600 个/m²，低潮区平均栖息密度为 240.89 个/m²。总体上各潮区数量较小。

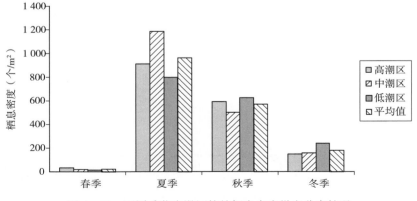

图 4 - 59 不同季节光滑河篮蛤栖息密度纵向分布情况

从纵向分布来看，在夏、秋季节光滑河篮蛤在各潮区分布较多；春季各潮区数量较少。

三、生物量平面分布及季节变化

1. 春季

光滑河篮蛤的平均生物量为 1.32 g/m²。其中，1 号断面生物量最大，为 10.29 g/m²。生物量最大的站位在 10 - 高，为 15.36 g/m²（图 4 - 60）。

2. 夏季

光滑河篮蛤的平均生物量为 58.91 g/m²。其中，8 号断面生物量最大，为 280.5 g/m²；18 号断面生物量也较大。生物量最大的站位在 18 - 高，为 675.84 g/m²；2 - 中、8 - 中、8 - 低、16 - 高 4 个站位的生物量也较大，生物量都在 150 g/m² 以上（图 4 - 61）。

3. 秋季

光滑河篮蛤的平均生物量为 34.2 g/m²。其中，10 号断面生物量最大，为 176.96 g/m²。生物量最大的站位在 10 - 高，为 242.88 g/m²；1 - 高、9 - 中、13 - 低 3 个站位的生物量也较大，生物量都在 150 g/m² 以上（图 4 - 62）。

4. 冬季

光滑河篮蛤的平均生物量为 9.85 g/m²。其中，1 号断面生物量最大，为 63.72 g/m²。生物量最大的站位在 1 - 高，为 156.16 g/m²（图 4 - 63）。

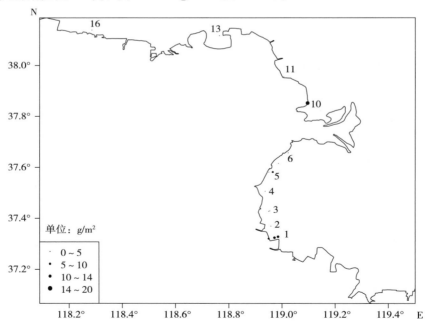

图 4 - 60　春季光滑河篮蛤生物量平面分布

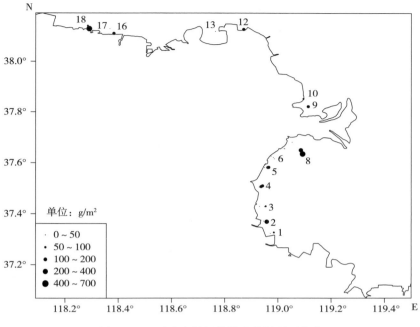

图 4-61　夏季光滑河篮蛤生物量平面分布

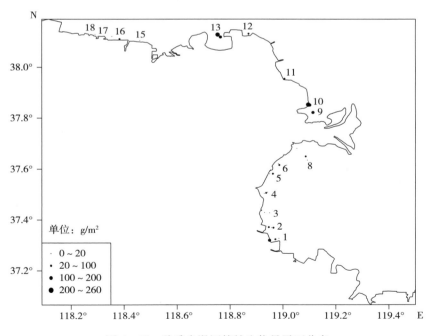

图 4-62　秋季光滑河篮蛤生物量平面分布

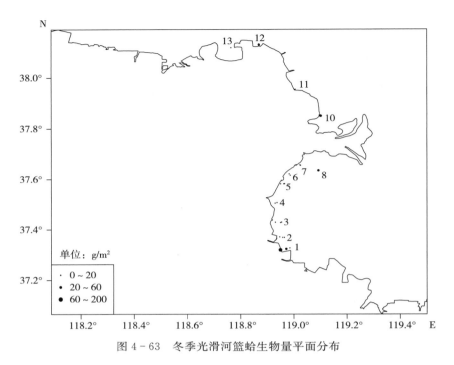

图 4-63　冬季光滑河篮蛤生物量平面分布

从平面分布来看，光滑河篮蛤在夏季和秋季生物量较大，分布较广；春季、冬季相对较小（图 4-64）。

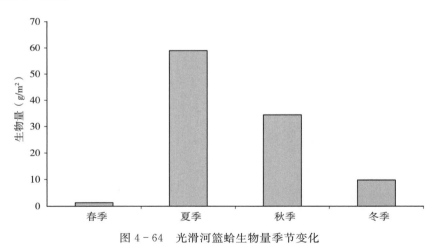

图 4-64　光滑河篮蛤生物量季节变化

四、生物量纵向分布及季节变化

1. 春季

高潮区光滑河篮蛤平均生物量为 1.28 g/m²，中潮区平均生物量为 1.31 g/m²，低潮区平均生物量为 1.37 g/m²。总体来说，各潮区光滑河篮蛤生物量均很少。

2. 夏季

高潮区光滑河篮蛤平均生物量为 59.68 g/m²，中潮区平均生物量为59.0 g/m²，低潮区平均生物量为 58.04 g/m²。总体来说，光滑河篮蛤在各潮区均有分布，并且生物量接近。

3. 秋季

高潮区光滑河篮蛤平均生物量为 37.67 g/m²，中潮区平均生物量为34.35 g/m²，低潮区平均生物量为 30.64 g/m²。总体来说，光滑河篮蛤在各潮区均有分布，并且生物量接近。

4. 冬季

高潮区光滑河篮蛤平均生物量为 10.96 g/m²，中潮区平均生物量为10.07 g/m²，低潮区平均生物量为 8.02 g/m²。

从纵向分布来看，在夏、秋季节光滑河篮蛤在各潮区分布较多；春季各潮区数量较少。各潮区生物量相差不多（图 4-65）。

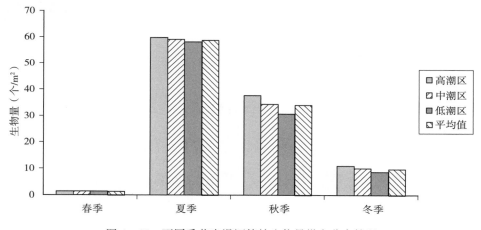

图 4-65 不同季节光滑河篮蛤生物量纵向分布情况

光滑河篮蛤平均栖息密度和平均生物量分别为 433.21 个/m²、26.07 g/m²，广泛分布在黄河口滩涂。夏季和秋季资源数量较大，春季很小。在各潮区均有分布，纵向分布规律不明显。夏季生物量最大，春季生物量最小。

第六节 彩虹明樱蛤和红明樱蛤

彩虹明樱蛤和红明樱蛤均隶属软体动物门、双壳纲、帘蛤目、樱蛤科、明樱蛤属（图 4-66）。在我国的南北沿岸均有分布。二者均营埋栖生活，生活时以壳的前端向下、后端向上，埋于底质内，水管露出滩面，以进水管吸取底质表面周围藻类食物，过滤摄取食物。栖息深度与年龄、气候有关，低龄贝较高龄贝浅。雌雄异体，雌雄性比接近1：1，性腺发育稳定，无性逆转现象。

在浅海调查中，二者数量很少，主要集中分布于滩涂，根据滩涂调查情况进行以下分析。本节所述明樱蛤属特指彩虹明樱蛤和红明樱蛤。

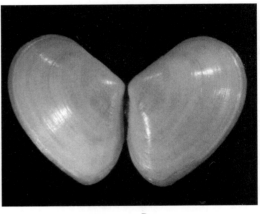

A   B

图 4 - 66   彩虹明樱蛤

A. 彩虹明樱蛤   B. 红明樱蛤

一、栖息密度平面分布及季节变化

1. 春季

明樱蛤属在各断面出现率为 61.1%，平均栖息密度为 4 892.2 个/m²。其中，8 号断面栖息密度最大，为 34 821.33 个/m²。栖息密度最大的站位为 8 - 低（75 108.8 个/m²）；8 - 中、10 - 低、13 - 高、16 - 高 4 个站位的栖息密度也较大，均在 20 000 个/m² 以上（图 4 - 67）。

2. 夏季

明樱蛤属在各断面出现率为 88.9%，平均栖息密度为 159.4 个/m²。其中，2 号断面栖息密度最大，为 853.33 个/m²。栖息密度最大的站位为 2 - 高（1 813.3 个/m²）；1 - 高、2 - 中、18 - 高 3 个站位的栖息密度也较大（图 4 - 68）。

3. 秋季

明樱蛤属在各断面出现率为 77.8%，平均栖息密度为 310.7 个/m²。其中，2 号断面栖息密度最大，为 2 138.67 个/m²；1 号断面栖息密度也较大。栖息密度最大的站位为1 - 高（6 058.6 个/m²）；2 - 中、10 - 高 2 个站位的栖息密度也较大（图 4 - 69）。

4. 冬季

明樱蛤属在各断面出现率为 77.8%，平均栖息密度为 233.7 个/m²。其中，2 号断面栖息密度最大，为 2 474.67 个/m²。栖息密度最大的站位为 2 - 低（6 112 个/m²）；1 -

高、2－高2个站位的栖息密度也较大（图4－70）。

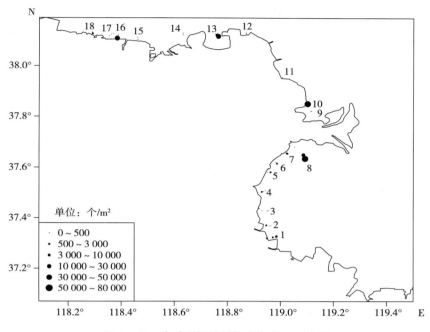

图4－67　春季明樱蛤属栖息密度平面分布

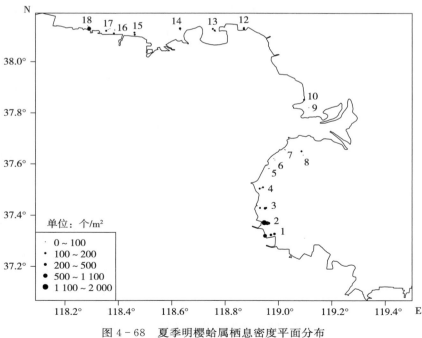

图4－68　夏季明樱蛤属栖息密度平面分布

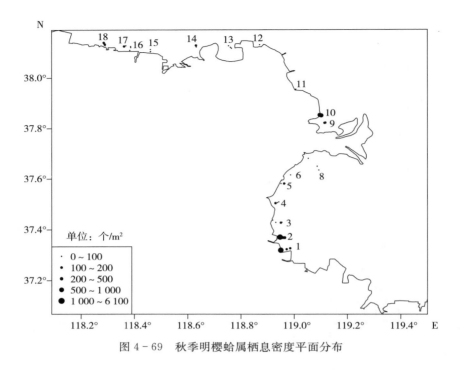

图 4 - 69　秋季明樱蛤属栖息密度平面分布

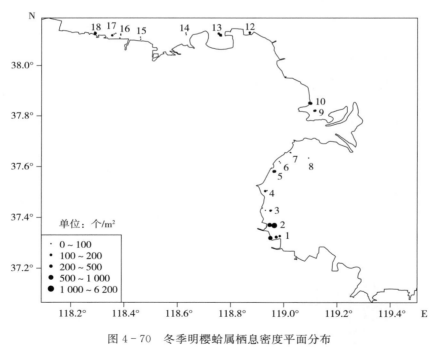

图 4 - 70　冬季明樱蛤属栖息密度平面分布

从平面分布来看，春季各站位明樱蛤属资源数量较多，平均栖息密度为 4 892.2 个/m²；其他季节较少（图 4 - 71）。

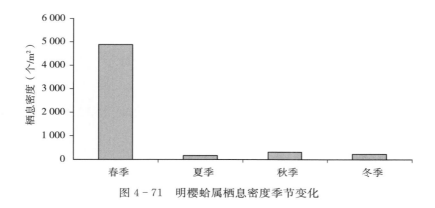

图 4 - 71　明樱蛤属栖息密度季节变化

二、栖息密度纵向分布及季节变化

1. 春季

高潮区平均栖息密度为 3 785.16 个/m²，中潮区平均栖息密度为 2 806.5 个/m²，低潮区平均栖息密度为 8 085 个/m²。

2. 夏季

高潮区平均栖息密度为 238.8 个/m²，中潮区平均栖息密度为150.2 个/m²，低潮区平均栖息密度为 89.18 个/m²。

3. 秋季

高潮区平均栖息密度为 713.18 个/m²，中潮区平均栖息密度为 114.96 个/m²，低潮区平均栖息密度为 104 个/m²。

4. 冬季

高潮区平均栖息密度为 153.78 个/m²，中潮区平均栖息密度为 134.52 个/m²，低潮区平均栖息密度为 408 个/m²。总体来看，低潮区明樱蛤属资源数量较多。

从纵向分布来看，春季各潮区数量分布明显，低潮区明显高于高潮区和中潮区；其他季节变化不明显（图 4 - 72）。

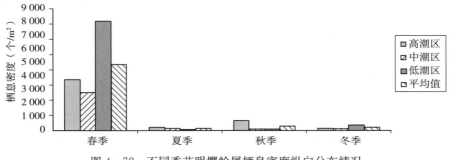

图 4 - 72　不同季节明樱蛤属栖息密度纵向分布情况

三、生物量平面分布及季节变化

1. 春季

明樱蛤属的平均生物量为 32.58 g/m²。其中，8 号断面生物量最大，为 181.0 g/m²。生物量最大的站位在 8 - 低，为 401.01 g/m²；1 - 低、8 - 中、10 - 低、16 - 高 4 个站位生物量也较大，均在 100 g/m² 以上（图 4 - 73）。

2. 夏季

明樱蛤属的平均生物量为 19.03 g/m²。其中，2 号断面生物量最大，为 64.94 g/m²。生物量最大的站位在 1 - 高，为 81.71 g/m²；2 - 高、2 - 中、5 - 低 3 个站位生物量也较大（图 4 - 74）。

3. 秋季

明樱蛤属的平均生物量为 21.98 g/m²。其中，2 号断面生物量最大，为 132.02 g/m²，生物量最大的站位在 2 - 高，为 240.43 g/m²，1 - 高、2 - 低、10 - 低 3 个站位生物量也较大，均在 50 g/m² 以上（图 4 - 75）。

4. 冬季

明樱蛤属的平均生物量为 20.44 g/m²。其中，1 号断面生物量最大，为 93.3 g/m²。生物量最大的站位在 1 - 高，为 127.04 g/m²；1 - 中、2 - 中、2 - 低 3 个站位生物量也较大，均在 80 g/m² 以上（图 4 - 76）。

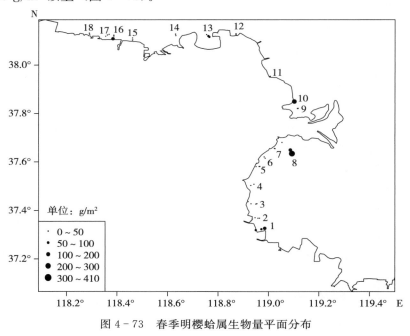

图 4 - 73 春季明樱蛤属生物量平面分布

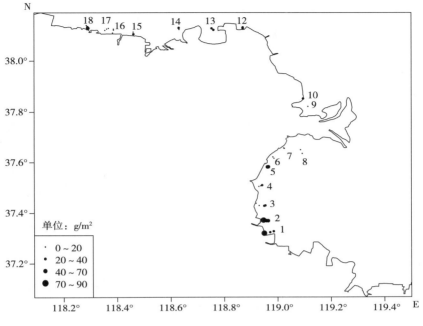

图 4-74　夏季明樱蛤属生物量平面分布

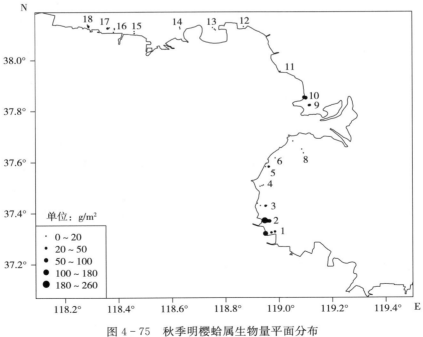

图 4-75　秋季明樱蛤属生物量平面分布

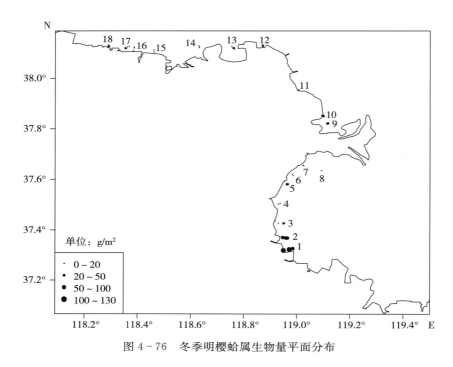

图 4-76 冬季明樱蛤属生物量平面分布

从平面分布来看，明樱蛤属春季生物量明显最大；其他季节相差不大，生物量较小（图 4-77）。

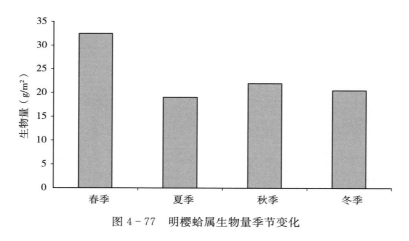

图 4-77 明樱蛤属生物量季节变化

四、生物量纵向分布及季节变化

1. 春季

明樱蛤属高潮区平均生物量为 21.6 g/m²，中潮区平均生物量为 25.28 g/m²，低潮区平均生物量为 50.78 g/m²。总体上，高潮区、中潮区、低潮区平均生物量依次递增。

2. 夏季

明樱蛤属高潮区平均生物量为 18.24 g/m²，中潮区平均生物量为 21.34 g/m²，低潮区平均生物量为 17.52 g/m²，各潮区生物量相差不大。

3. 秋季

明樱蛤属高潮区平均生物量为 29.28 g/m²，中潮区平均生物量为 18 g/m²，低潮区平均生物量为 18.66 g/m²。高潮区生物量较大，其他潮区较小。

4. 冬季

明樱蛤属高潮区平均生物量为 21.05 g/m²，中潮区平均生物量为22.95 g/m²，低潮区平均生物量为 17.31 g/m²，各潮区生物量相差不大。

从纵向分布来看，夏季明樱蛤属纵向分布规律明显，低潮区生物量均明显多于中潮区；其他季节不明显（图 4 - 78）。

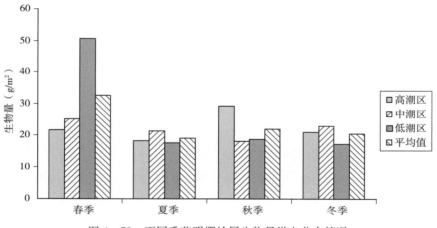

图 4 - 78　不同季节明樱蛤属生物量纵向分布情况

明樱蛤属平均栖息密度和平均生物量分别为 1 399.01 个/m²、23.51 g/m²，广泛分布在整个滩涂。明樱蛤属春季资源数量最大，其他季节很少。春季各潮区数量分布明显，低潮区明显高于高潮区和中潮区，其他季节变化不明显。明樱蛤属春季生物量最大，其他季节较小。

第七节　毛　蚶

毛蚶（*Scapharca kagoshimensis*），俗称毛蛤、麻蚶、瓦楞子等。属于软体动物门、瓣鳃纲、翼形亚纲、蚶目、蚶科、毛蚶属（图 4 - 79），是一种海产经济贝类，广泛分布于西太平洋日本、朝鲜、中国沿岸。在我国，北起鸭绿江，南至广西均有分布，莱州湾、渤海湾、辽东湾、海州湾等浅水区资源尤为丰富。因其肉味鲜美，具有高蛋白、低脂肪、维生素含量高等特点，而且药用价值较高，所以深受消费者的喜爱。

图 4 - 79　毛　蚶

一、栖息密度平面分布及季节变化

1. 秋季

浅海调查毛蚶栖息密度的平面分布情况见图 4 - 80，其平均栖息密度为 253.43 个/hm²。最高栖息密度达 3 750 个/hm²，位于 12 - 1 站位；其次为 11 - 1 站位和 11 - 2 站位，栖息密度分别为 1 281 个/hm² 和 1 031 个/hm²。黄河入海口附近 6～8 号断面没有发现毛蚶（图 4 - 80）。

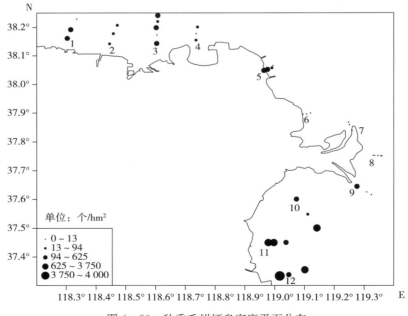

图 4 - 80　秋季毛蚶栖息密度平面分布

2. 春季

浅海调查结果见图 4-81，毛蚶平均栖息密度为 283.46 个/hm²。个别站位较大，如 12-1 站位，密度达 7 800 个/hm²；其次为 1-1 站位，为 1 031 个/hm²。7 号断面和 8 号断面没有发现毛蚶。与秋季调查结果相比，最高值均位于 12-1 站位，而 1-1 站位与秋季结果相比密度有所增加。

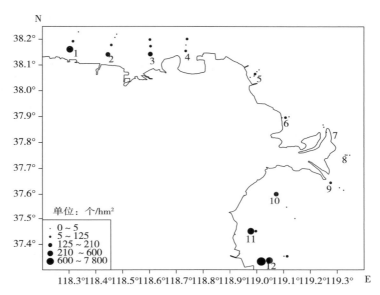

图 4-81　春季毛蚶栖息密度平面分布

3. 季节变化

调查海域毛蚶平均栖息密度季节性变化见图 4-82。与秋季调查结果相比，春季毛蚶栖息密度有所增加，主要表现在春季的 12-1 站位栖息密度远远高于其他站位；而春季调查的其他站位基本上均低于秋季调查结果。

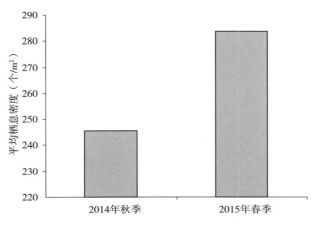

图 4-82　不同季节毛蚶平均栖息密度变化

二、生物量平面分布及季节变化

1. 秋季

秋季毛蚶生物量的平面分布趋势与栖息密度基本一致，结果见图 4 - 83。毛蚶生物量范围为 0～67.19 kg/hm²，平均为 3.47 kg/hm²。12 - 1 站位的生物量比较突出，远高于其他站位，为 67.19 kg/hm²；大部分站位生物量范围在 0.07～8.64 kg/hm²，占总调查站位的 56.10%。断面 6、断面 7 和断面 8 站位没有采集到毛蚶。

2. 春季

春季调查海域毛蚶生物量的分布情况见图 4 - 84。分布情况与栖息密度基本一致，平均为 4.37 kg/hm²。12 - 1 站位的栖息密度（121.97 kg/hm²）远高于其他站，其他站位栖息密度范围为 0～12 kg/hm²。其中，生物量在 0.05～12 kg/hm² 的站位数有 17 个，占调查总站位的 43.59%（总数 39 个）；其余站位的生物量为 0。与秋季调查结果相比，两者最高站位均为 12 - 1，1 - 1 站位和 3 - 1 站位的生物量有所增加。

3. 季节变化

秋季（10 月）和春季（5 月）毛蚶各个站位的平均生物量变化见图 4 - 85。调查结果表明，春季毛蚶生物量较秋季有所增加，主要是因为春季 12 - 1 站位的生物量，远高于秋季调查结果的其他站位；而秋季调查结果中的其他站位，均高于春季调查的各个站位。

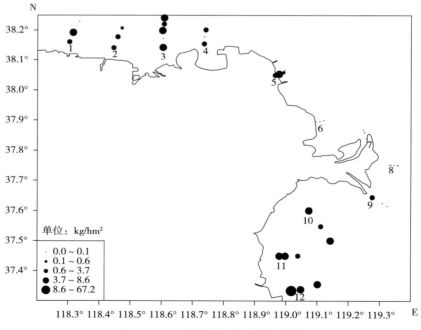

图 4 - 83　秋季毛蚶生物量平面分布

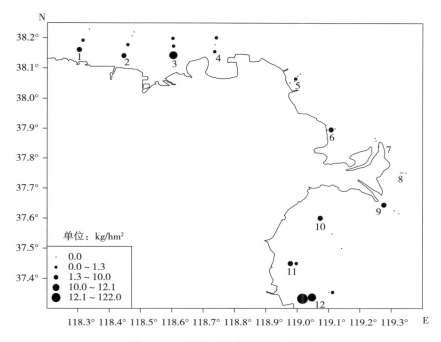

图 4-84 春季毛蚶生物量平面分布

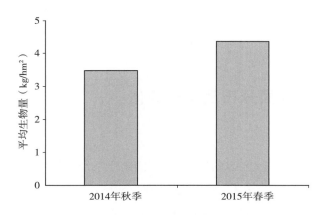

图 4-85 秋季和春季毛蚶平均生物量变化

毛蚶为黄河三角洲地区最重要的经济贝类之一，除黄河入海口附近的各个海域，主要分布于河口区产区和广利港附近养殖区。总体分布较为均匀，在不同深度海域均有广泛分布，1.5 m、3 m 和 5 m 及以上海域均为优势种。栖息密度和生物量最高站位均为 12-1，分别为 3 750 个/hm² 和 67.19 kg/hm²（秋季调查结果）。广利港养殖区 1.5～3 m 水深的部分区域，毛蚶栖息密度远高于其他区域，但养殖区毛蚶个体较小，幼体居多，可能与底播增殖有较大关系。

第八节　脉　红　螺

脉红螺（*Rapana venosa*），俗称海螺、红螺。隶属于软体动物门、腹足纲、新腹足目、骨螺科、红螺属（图 4-86）。常见于我国辽宁至福建沿海地区，其肉味美、营养丰富，其壳还可以入药或制成蛸网，是我国北方沿海地区重要的经济螺类，是渔业捕捞作业中的常见贝类之一。

图 4-86　脉红螺

一、栖息密度平面分布及季节变化

1. 秋季

秋季浅海调查站位中，脉红螺的平均栖息密度为 78.89 个/hm²，栖息密度较大的站位分布在 12-1、12-2 和 11-2，分别为 1 500 个/hm²、750 个/hm² 和 312.5 个/hm²。栖息密度在 18.75～75.00 个/hm² 的站位有 14 个（图 4-87）。

2. 春季

在春季调查的 39 个站位中，栖息密度最高值出现在 12-2 站位，为 150 个/hm²；其次为 100 个/hm²，位于 11-1 站位。栖息密度在 5～37.5 个/hm² 的站位有 8 个，其余均为 0。与秋季调查结果相比，各个站位的栖息密度都有所减少（图 4-88）。

3. 季节变化

不同季节脉红螺平均栖息密度的变化情况见图 4-89。秋季平均栖息密度为 78.89 个/hm²，变化范围为 0～1 500 个/hm²。春季调查结果显示，脉红螺的平均栖息密度为 10.40 个/hm²，

变化范围为 $0\sim150$ 个/hm²。春季调查结果中，除个别站位如 11-1 站位和 6-2 站位的栖息密度稍高于秋季的调查结果，其他各个站位的栖息密度均远低于秋季调查结果。

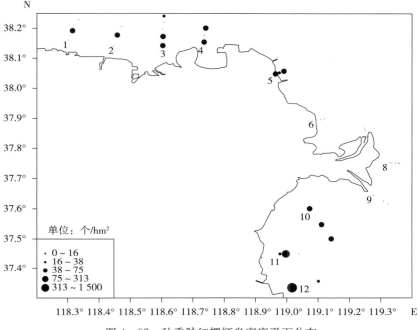

图 4-87　秋季脉红螺栖息密度平面分布

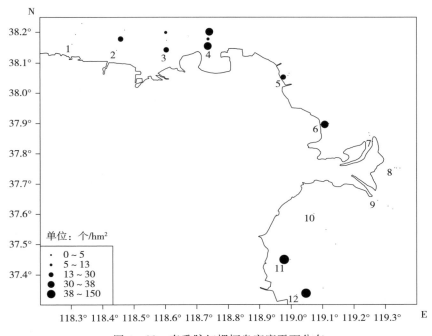

图 4-88　春季脉红螺栖息密度平面分布

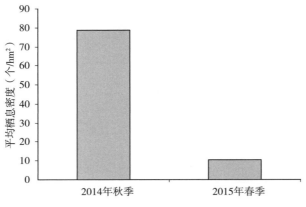

图 4 - 89　秋季和春季脉红螺平均栖息密度变化

二、生物量平面分布及季节变化

1. 秋季

脉红螺生物量分布情况的调查结果见图 4 - 90。较高值分布在 12 - 1 站位、12 - 2 站位和 11 - 2 站位，分别为 57.60 kg/hm²、38.79 kg/hm² 和 24.16 kg/hm²。生物量在 1.02～6.32 kg/hm² 的站位有 10 - 3、1 - 2、10 - 1、5 - 3、5 - 1、10 - 2、3 - 5、11 - 1 和 4 - 3；生物量在 0.02～0.07 kg/hm² 的站位为 3 - 2、5 - 2 和 2 - 2。

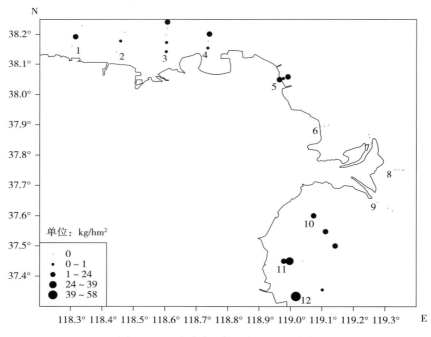

图 4 - 90　秋季脉红螺生物量平面分布

2. 春季

在调查的 39 个站位中，脉红螺生物量最高值出现在 12-2 站位，达 15.68 kg/hm²。生物量在 2.30～2.39 kg/hm² 的站位，出现在 6-2、2-2 和 3-1。生物量在 1.30～1.56 kg/hm² 的站位，出现在 4-1、3-3 和 4-2；生物量在 0.60～0.96 kg/hm² 的站位，出现在 11-1、5-2 和 4-3。其他站位生物量为 0（图 4-91）。

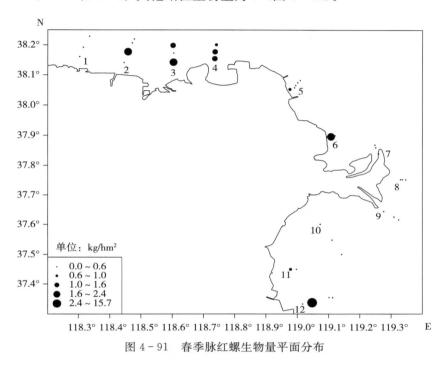

图 4-91　春季脉红螺生物量平面分布

3. 季节变化

秋季调查结果显示，脉红螺生物量为 0～57.60 kg/hm²，平均为 3.91 kg/hm²。春季调查结果显示脉红螺生物量为 0～15.68 kg/hm²，平均为 0.76 kg/hm²（图 4-92）。与秋季调查结果相比，春季脉红螺的生物量明显下降。

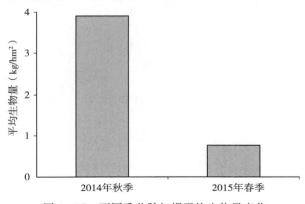

图 4-92　不同季节脉红螺平均生物量变化

脉红螺个体大，肉味鲜美，经济价值高，为黄河三角洲珍贵的种质资源和重要的经济贝类。本次调查中脉红螺为 1.5 m 和 3 m 水深海域的优势种，由于个体较大，数量少，在分布海域的分布特点为有一定的生物量，但栖息密度较低。秋季在有分布的调查海域生物量为 $0.02 \sim 57.60$ kg/hm^2，栖息密度为 $18.75 \sim 1\,500$ 个/hm^2。12-1 站位脉红螺栖息密度和生物量远高于其他站位，其原因可能是脉红螺为肉食性贝类，而12-1 站位自然分布的其他双壳类种类多，数量大，如文蛤、毛蚶、菲律宾蛤仔、薄片镜蛤等，为脉红螺提供了大量的食物来源，这是脉红螺在此区域分布较多的原因之一。

第九节　西　施　舌

西施舌（*Coelomactra antiquata*）俗称"海蚌"。隶属于软体动物门、瓣鳃纲、异齿亚纲、帘蛤目、蛤蜊科、腔蛤蜊属（图 4-93）。其形态特点为成体个体大，壳顶淡紫色，腹面黄褐色，贝壳内面淡紫色；幼体壳面紫色，壳质很薄。我国沿海均有分布，如福建省长乐、福清、晋江等县市，山东胶南为主产区；印度半岛、日本也有分布。西施舌个体较大，肉质细嫩，滋味鲜美，具有很高的营养和食用价值，在贝类中可与鲍媲美，是海产珍品之一，有"海珍之首"美誉。

图 4-93　西施舌

一、栖息密度平面分布及季节变化

1. 秋季

秋季浅海调查结果显示（图4-94），西施舌主要分布在站位1-2、1-1和1-3，栖息密度分别为130 500个/hm²、112 500个/hm²和1 575个/hm²；2-3站位和9-1站位的栖息密度分别为312.5个/hm²和187.5个/hm²；2-1站位的栖息密度为75个/hm²，其他站位没有发现西施舌。

2. 春季

西施舌栖息密度春季浅海调查结果显示（图4-95），西施舌的栖息密度较低，在调查的34个站位中只有2个站位发现西施舌，9-1站位和2-2站位的栖息密度分别为46.88个/hm²和13.39个/hm²。

3. 季节变化

不同季节西施舌平均栖息密度的变化结果显示（图4-96），与秋季相比，春季西施舌栖息密度明显减少，秋季西施舌的平均栖息密度为5 979.27个/hm²，春季为1.55个/hm²。1-2站位、1-1站位和1-3站位西施舌栖息密度明显减少。9-1站位在两次调查中均保持相对较高的栖息密度。

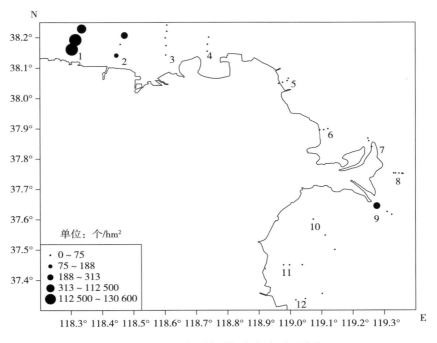

图4-94 秋季西施舌栖息密度平面分布

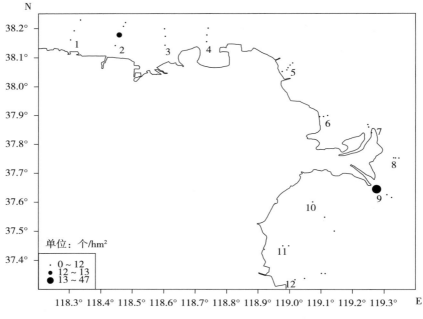

图4-95 春季西施舌栖息密度平面分布

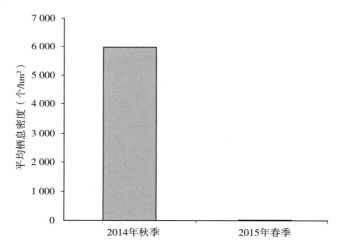

图4-96 不同季节西施舌平均栖息密度变化

二、生物量平面分布及季节变化

1. 秋季

西施舌生物量的秋季浅海调查结果见图4-97，其分布情况与栖息密度基本一致。1-2站位和1-1站位的生物量分别为85.3 kg/hm² 和74 kg/hm²，1-3站位的生物量为0.76 kg/hm²，9-1站位和2-3站位的生物量分别为0.22 kg/hm² 和0.16 kg/hm²，2-1

站位的生物量为 0.11 kg/hm² 。

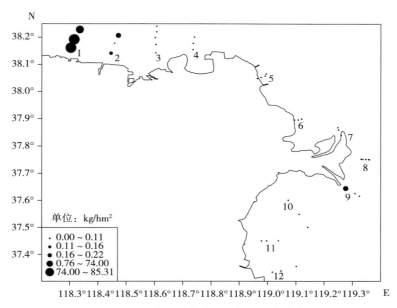

图 4-97　秋季西施舌生物量的平面分布

2. 春季

春季西施舌生物量的分布情况见图 4-98，其分布趋势与栖息密度基本一致，9-1 站位和 2-2 站位的生物量分别为 2.71 kg/hm² 和 0.18 kg/hm²。秋季调查结果中生物量最高值位于 1-2 站位，春季调查结果显示此站位基本上没有发现西施舌。与秋季调查结果相比，9-1 站位的西施舌生物量有所增加。

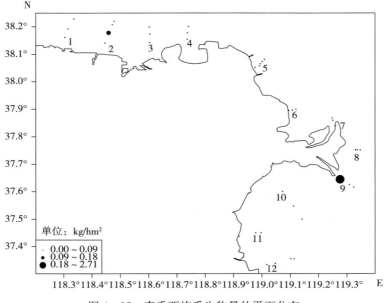

图 4-98　春季西施舌生物量的平面分布

3. 季节变化

不同季节西施舌平均生物量的变化情况见图4-99。与秋季调查结果相比，春季西施舌生物量明显减少。秋季西施舌的平均生物量为3.92 kg/hm^2，而春季西施舌的平均生物量则下降到0.07 kg/hm^2。

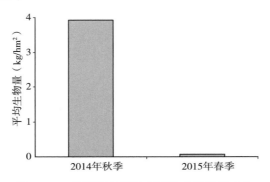

图4-99　不同季节西施舌平均生物量的变化

西施舌为外来物种，已逐渐成为河口地区重要的经济贝类。其分布比较集中，主要在河口养殖区；另外，在垦利海域也有少量发现。其分布特点是：主要分布于1.5～3 m水深区域，分布集中，且栖息密度较大。栖息密度最高值为1-2站位，达130 500个/hm^2（秋季调查结果）。虽然栖息密度和生物量很大，但成体数量很少，在栖息密度和生物量均较高的1号断面均为幼体，几乎看不到成体。

第十节　菲律宾蛤仔

菲律宾蛤仔（*Ruditapes philippinarum*），通常又称杂色蛤，南方俗称花蛤，辽宁称蚬子，山东称蛤蜊。属软体动物门、双壳纲、帘蛤目、帘蛤科、花帘蛤属（图4-100）。广泛分布在我国沿海，生长迅速，养殖周期短，适应性强（广温、广盐、广分布），离水存活时间长，是一种适合于人工高密度养殖的优良贝类，是我国四大养殖贝类之一。

图4-100　菲律宾蛤仔

一、栖息密度平面分布及季节变化

1. 秋季

根据浅海调查数据，秋季菲律宾蛤仔栖息密度的平面分布见图 4 - 101。结果显示，在调查的 41 个站位中，只有 12 - 2 站位和 12 - 1 站位有菲律宾蛤仔的分布，且数量较多，栖息密度分别为 258 375 个/hm² 和 21 000 个/hm²。

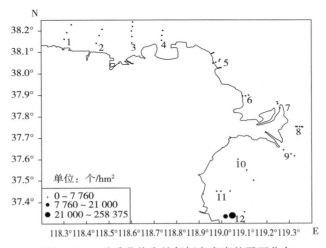

图 4 - 101　秋季菲律宾蛤仔栖息密度的平面分布

2. 春季

根据浅海调查数据，春季菲律宾蛤仔栖息密度的平面分布见图 4 - 102，其分布情况与秋季调查结果相似，但栖息密度明显减少。12 - 2 站位和 12 - 1 站位的栖息密度分别为 35 550 个/hm² 和 27 600 个/hm²。其他站位均没有发现菲律宾蛤仔。

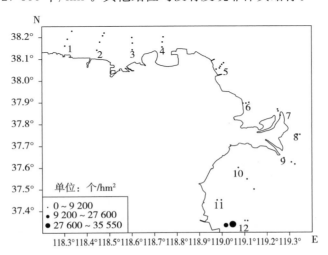

图 4 - 102　春季菲律宾蛤仔栖息密度的平面分布

3. 季节变化

不同季节菲律宾蛤仔平均栖息密度的变化见图 4 - 103。秋季菲律宾蛤仔的平均栖息密度为 6 814.02 个/hm²；春季菲律宾蛤仔的平均栖息密度为 1 619.23 个/hm²，与秋季调查结果相比，栖息密度明显减少。

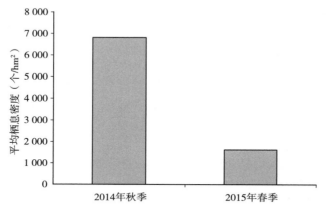

图 4 - 103 不同季节菲律宾蛤仔平均栖息密度的变化

二、生物量平面分布及季节变化

1. 秋季

浅海调查菲律宾蛤仔生物量的平面分布与栖息密度基本一致（图 4 - 104），在所有的调查站位中，只有 12 - 2 站位和 12 - 1 站位采集到菲律宾蛤仔，其生物量分别为 1 610.71 kg/hm² 和 58.79 kg/hm²。

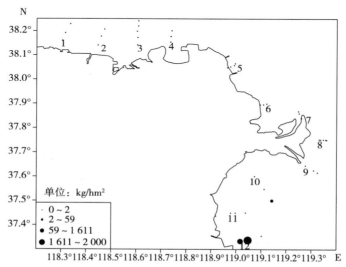

图 4 - 104 秋季菲律宾蛤仔生物量的平面分布

2. 春季

浅海调查菲律宾蛤仔生物量的平面分布见图4－105。结果显示，其生物量分布情况与栖息密度分布一致。与秋季调查结果相比，各个站位分布情况一致，但是生物量有所减少。12－2站位和12－1站位的生物量，分别下降到234 kg/hm^{2}和171 kg/hm^2。

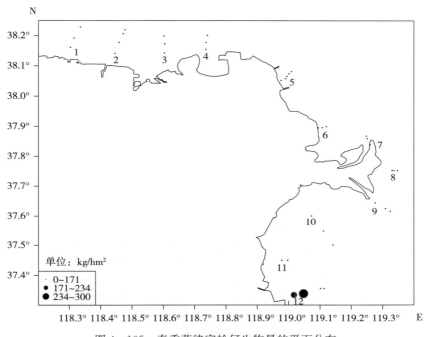

图4－105　春季菲律宾蛤仔生物量的平面分布

3. 季节变化

不同季节菲律宾蛤仔平均生物量的变化见图4－106。与秋季调查结果相比，春季菲律宾蛤仔的平均生物量明显较少。秋季菲律宾蛤仔的平均生物量为40.76 kg/hm^2，春季菲律宾蛤仔的平均生物量为10.38 kg/hm^2。

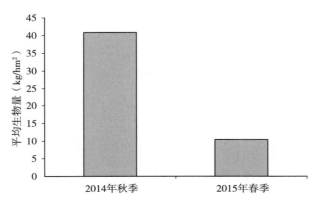

图4－106　不同季节菲律宾蛤仔平均生物量的变化

菲律宾蛤仔为外来物种，近年来，在广利港附近海域进行了大量的底播增殖。在本次调查中，仅在广利港附近海域（12号断面）的部分养殖区有发现，栖息密度和生物量均比较高。秋季菲律宾蛤仔在12-2站位的栖息密度达258 375个/hm²，生物量为1 610.71 kg/hm²。菲律宾蛤仔由于单位面积产量巨大，目前已成为广利港附近海域最重要的经济贝类。

第十一节 扁 玉 螺

扁玉螺（*Neverita didyma*），俗称肚脐螺、香螺。隶属于软体动物门、前鳃亚纲、中腹足目、玉螺科、玉螺属（图4-107）。扁玉螺生活在滩涂至浅海50 m的细沙泥质海底，属于广温性种类，在我国沿海均有分布，是我国沿海重要的经济腹足类，因其个体大，肉味鲜美，食后口余清香，广为沿海居民所喜爱。

图4-107　扁玉螺

一、栖息密度平面分布及季节变化

1. 秋季

根据浅海调查数据，秋季扁玉螺栖息密度的平面分布见图4-108。其变化范围为0～1 875个/hm²，平均为331.17个/hm²。12-2、2-1、12-1、1-1、10-2、4-1和1-2共7个站位分布较多，栖息密度分别为1 875个/hm²、1 875个/hm²、1 500个/hm²、1 413个/hm²、1 350个/hm²、1 275个/hm²和1 013个/hm²。

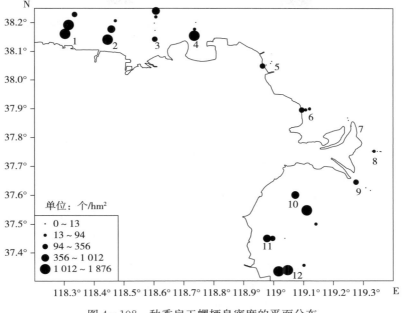

图 4 - 108　秋季扁玉螺栖息密度的平面分布

2. 春季

根据浅海调查数据，春季扁玉螺的栖息密度分布情况见图 4 - 109。其变化范围为 0～9 000 个/hm²，平均为 544.22 个/hm²。最高点为 12 - 1 站位，达 9 000 个/hm²；其次为 1 - 1 站位、11 - 1 站位和 2 - 1 站位，栖息密度分别为 2 096 个/hm²、2 300 个/hm² 和 1 393 个/hm²。

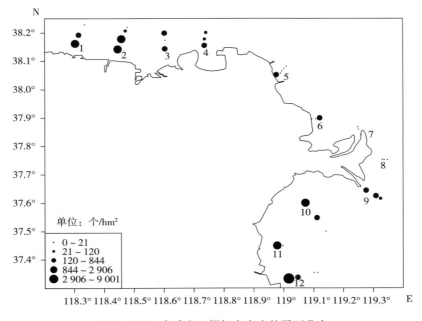

图 4 - 109　春季扁玉螺栖息密度的平面分布

3. 季节变化

不同季节扁玉螺栖息密度的变化见图 4-110 所示。结果显示，与秋季调查结果相比，春季扁玉螺栖息密度增多。

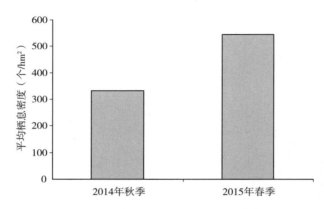

图 4-110 不同季节扁玉螺平均栖息密度的变化

二、生物量平面分布及季节变化

1. 秋季

秋季扁玉螺生物量的平面分布见图 4-111，其分布情况与其栖息密度分布情况相似。扁玉螺生物量的变化范围为 0.02～10.34 kg/hm²，平均为 1.37 kg/hm²。生物量较高的站位为 12-1 和 1-1，分别为 10.34 kg/hm² 和 9.32 kg/hm²。

2. 春季

春季扁玉螺生物量的平面分布见图 4-112，其分布情况与栖息密度分布情况相似。扁玉螺生物量的变化范围为 0～70.66 kg/hm²，平均为 3.62 kg/hm²。12-1 站位的生物量最高，达 70.66 kg/hm²；其次为 1-1 站位，为 14.75 kg/hm²。

3. 季节变化

不同季节扁玉螺平均生物量的变化情况见图 4-113。调查结果显示，与秋季相比，春季扁玉螺平均生物量明显增多。

扁玉螺为肉食性贝类，肉味鲜美，经济价值高，为黄河三角洲重要的经济贝类。本次调查中扁玉螺在 1.5 m、3 m 和 5 m 水深及以上海域均为优势种。扁玉螺个体较大，分布均匀，春季在有分布的海域平均栖息密度为 20.83～9 000 个/hm²，平均生物量为 0.13～70.66 g/hm²。在 1-1、2-1、11-1、12-1 和 12-2 等站位，栖息密度和生物量明显高于其他站位。主要原因为这些站位双壳类栖息密度和生物量巨大，如西施舌、文蛤、毛蚶、菲律宾蛤仔等，为扁玉螺提供了丰富的食物来源。

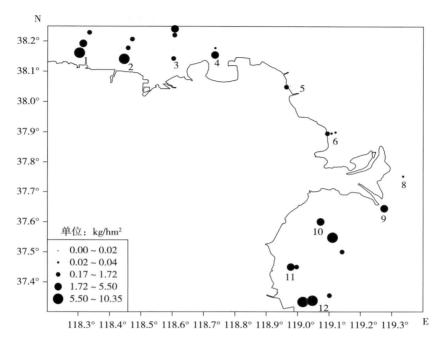

图 4 - 111 秋季扁玉螺生物量的平面分布

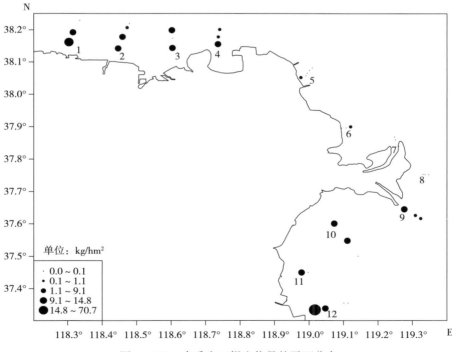

图 4 - 112 春季扁玉螺生物量的平面分布

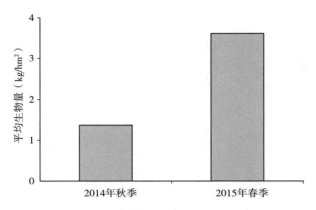

图 4 - 113　不同季节扁玉螺平均生物量的变化

第五章
黄河口贝类资源
高效利用模式

第一节　黄河口地区主要经济贝类近年来变化趋势

20 世纪 80 年代，黄河口地区较详细的贝类资源调查有 2 次，分别为 1984 年、1988 年。而在 20 世纪 90 年代至 21 世纪初，虽然进行过滩涂贝类资源修复等项目，但调查区域相对比较固定且范围较小。四角蛤蜊和文蛤为黄河口滩涂比较重要的经济贝类，产量大，经济价值高。因此，选取 1984 年、1988 年、2013 年和 2016 年 5—8 月中潮区和低潮区四角蛤蜊和文蛤的调查数据进行比较和分析。选取渤海湾潮河至挑河段的滩涂以及莱州湾广利河至小岛河的滩涂作为重点区域分别进行比较。

一、四角蛤蜊

（一）栖息密度变化

莱州湾广利河至小岛河段滩涂 1984 年四角蛤蜊栖息密度为 96.73 个/m^2，1988 年为 34.25 个/m^2，到 2013 年为 73.38 个/m^2，2016 年为 71 个/m^2；渤海湾潮河至挑河段 1984 年四角蛤蜊栖息密度为 6.66 个/m^2，1988 年为 74.59 个/m^2，到 2013 年为 231.56 个/m^2，2016 年为 166 个/m^2。从栖息密度看，莱州湾广利河至小岛河段滩涂四角蛤蜊栖息密度基本趋于稳定；渤海湾潮河至挑河段四角蛤蜊栖息密度近年来有较大增加（图 5-1）。

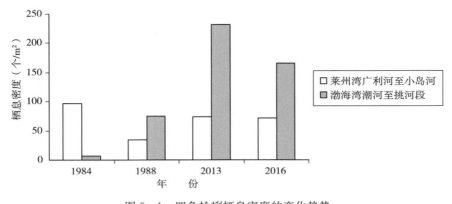

图 5-1　四角蛤蜊栖息密度的变化趋势

（二）生物量变化

莱州湾广利河至小岛河段滩涂 1984 年四角蛤蜊生物量为 394.98 g/m^2，1988 年为 166.94 g/m^2，至 2013 年为 448.64 g/m^2，2016 年为 422.38 g/m^2；渤海湾潮河至挑河

段四角蛤蜊栖息密度为 71.87 g/m²，1988 年为 254.22 g/m²，2013 年为 233.53 g/m²，2016 年为 184.55 g/m²。莱州湾广利河至小岛河段滩涂四角蛤蜊近年来生物量有较大提高；渤海湾潮河至挑河段四角蛤蜊栖息密度自 1988 年以来生物量较为平稳（图 5-2）。

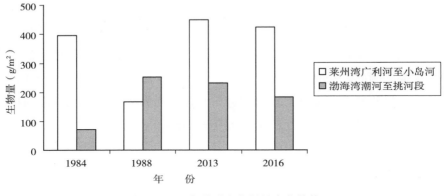

图 5-2　四角蛤蜊生物量的变化趋势

二、文蛤

文蛤主要分布在渤海湾南部滩涂上，因此，以渤海湾潮河至挑河段为例进行说明。

（一）栖息密度变化

渤海湾潮河至挑河段 1984 年文蛤栖息密度为 5.71 个/m²，1988 年为 62.50 个/m²，至 2013 年为 285.78 个/m²，2016 年为 121 个/m²（图 5-3）。与 20 世纪 80 年代相比，近年来文蛤栖息密度有很大的提升。

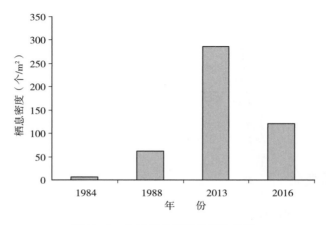

图 5-3　文蛤栖息密度的变化趋势

（二）生物量变化

渤海湾潮河至挑河段 1984 年文蛤生物量为 11.98 g/m²，1988 年为 153.46 g/m²，2013 年为 115.13 g/m²，2016 年为 135.92 g/m²。渤海湾潮河至挑河段滩涂文蛤生物量自 1988 年来略有下降，但保持大致平稳（图 5 - 4）。

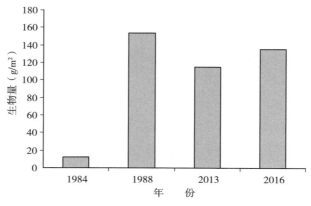

图 5 - 4　文蛤生物量的变化趋势

近年来，东营市贝类捕捞产量趋于稳定，养殖产量逐年上升，其中，蛤类是养殖的主要种类。滩涂贝类种质资源的栖息密度和生物量均维持在较高水平。调查发现，近年来，四角蛤蜊和文蛤的资源量相比 20 世纪 80 年代有一定提升，主要原因是每年东营市和下属县区海洋渔业主管部门都组织较大规模的贝类增殖放流，除了四角蛤蜊和文蛤等本地种外，还包括毛蚶、菲律宾蛤仔等适合大规模养殖的种类；此外，各滩涂承包养殖企业根据贝类生产情况，也会不定时在滩涂投放苗种。这些措施都提升了东营市主要贝类种质资源量。

但笔者发现，黄河口贝类养殖中也存在一些问题：一是存在过量捕捞的问题，虽然苗种投放较多，但间隔时间很短就进行大量采捕，只追求一时经济效益，忽略了长期的产量稳定；二是对贝类生长的饵料和环境条件缺少了解，缺少对养殖容量的评估，有些年份的收获季节成体肥满度较低，影响了经济价值。因此，本章根据黄河口地区主要经济贝类（四角蛤蜊、青蛤和文蛤）的生长和生产情况，总结出三种高效产出模式。

第二节　高效产出模式

一、四角蛤蜊的适量投放苗种模式

四角蛤蜊的栖息密度和生物量巨大，生产需求也远高于其他贝类。因此，每年都需要进行苗种的补充，采用适量投放苗种的模式进行增殖和生产，保证每年的产量需求。于 2016 年 3 月至 5 月开展了本模式的示范工作，对苗种投放前后的生物量和栖息密度进行了对比。

四角蛤蜊高效产出模式示范区域约 20 km²，位于潮间带低潮区。于 2016 年 3 月中旬在示范区进行苗种投放，苗种规格以 1.8～2.4cm 为主，苗种数量约 1 000 万粒。四角蛤蜊苗种投放后，及时跟踪其聚集区域和迁移动向，必要时进行疏苗工作。

经过增殖，四角蛤蜊栖息密度由 98 个/m² 增加到 488 个/m²，约增加了 3.98 倍（图 5-5）；生物量由 557.12 g/m² 增加到 2 365.50 g/m²，约增加了 3.25 倍（图 5-6）。

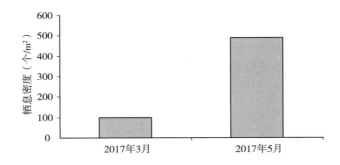

图 5-5　四角蛤蜊苗种投放前后栖息密度对比

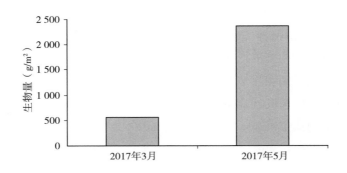

图 5-6　四角蛤蜊苗种投放前后生物量对比

四角蛤蜊苗种投放后，幼体栖息密度所占的百分比有所上升，由原来的 51.02% 提升到 56.83%。但是幼体生物量所占百分比却有所下降，由原来的 28.59% 下降到 15.27%（表 5-1）。四角蛤蜊幼体生物量所占百分比下降的原因，可能是投放的苗种中夹杂有一定的成体，虽然个体数量不多，但是生物量占比较高；另外，3—5 月为四角蛤蜊生长的主要时期，有相当一部分原来在试验区域内的幼体在这段时间内长成了成体，使得成体数量增多，幼体生物量所占百分比显著下降。

表 5-1 四角蛤蜊苗种投放前后幼体（0～1龄）栖息密度和生物量所占百分比（%）

项目	苗种投放前	苗种投放后
栖息密度	51.02	56.83
生物量	28.59	15.27

根据笔者对当地生产经验和所做增殖试验的总结，四角蛤蜊采用适量投放苗种模式，投苗时间应在每年的3—4月。投放苗种后做好滩涂的护养，翌年5—7月为收获季节。

二、青蛤的自然养护和划片轮捕模式

青蛤位于潮间带高潮区和中潮区，经济价值高，但生物量较低，受环境条件所限，难以进行较高密度的养殖。采用自然养护和划片轮捕的模式，对生产区域进行划片，保证每年都有一定产量，并使资源量有足够长的时间进行恢复，做到可持续生产。

青蛤产出模式示范区选定区域位于莱州湾西岸潮间带的高潮区和中潮区，为青蛤主要分布区域。研究开始前较少采捕，研究开始后于2016年3—5月在青蛤的主要生产期进行集中采捕，5月以后停止采捕。经过近一年的养护，对资源恢复情况进行了评估。由于青蛤密度很低，因此用 1 m² 样方进行采样，在其分布区域设定 7 个站位，每个站位采集 3～4 个样方。将所有站位采集的样品数量和重量进行汇总后除以总采样面积，得出栖息密度和生物量，进行比较。

2016年3月采捕前，青蛤栖息密度为 1.52 个/m²；2016年5月采捕后，降低为 0.52 个/m²。经过近一年的养护，2016年3月恢复为 0.96 个/m²（图 5-7）。2016年3月采捕前，青蛤生物量为 16.07 g/m²；2016年5月采捕后，降低为 3.83 g/m²。经过近一年的养护，2016年3月恢复为 7.72 g/m²（图 5-8）。

经过养护，青蛤资源得到了一定的恢复。但与采捕前存在着一定差距，表明该区域恢复时间还不够，需要更长时间的养护。

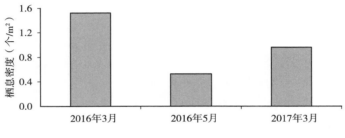

图 5-7 青蛤栖息密度变化

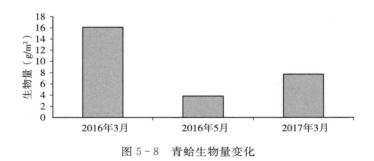

图 5 - 8 青蛤生物量变化

三、文蛤苗种的采捕时间限定模式

文蛤在黄河三角洲滩涂以幼体为主，在中潮区开始出现，低潮区为密集分布区。在密集分布区的栖息密度，很多时候达到 500 个/m² 以上。滩涂作为文蛤苗种的主要产区，关系着文蛤种质资源的数量和质量。由于滩涂文蛤苗种的栖息密度很高，虽然产量也较高，但不需要另外投放苗种。采用集中生产的模式，在每年 4—6 月进行生产，至翌年 4 月再次生产的这段时间，让文蛤苗种资源自行恢复。

为了验证该模式，选取了黄河三角洲西北部的文蛤养殖区进行了试验。由于文蛤在潮间带的垂直分布主要集中于低潮区，在低潮区密度最高的区域设置 1 个站位，于 2016 年 5 月和 7 月，以及 2017 年 5 月进行了 3 次采样，对文蛤的生物量、栖息密度，以及壳长、软体部干重和壳干重进行了测定和比较。

（一）生物量和栖息密度的变化

2016 年 5 月文蛤的栖息密度为 648 个/m²；2016 年 7 月经过生产后为 368 个/m²，下降了 43.21%。2017 年 5 月经过休渔后，文蛤的栖息密度恢复为 616 个/m²，与 2016 年基本持平（图 5 - 9）。2016 年 5 月文蛤的生物量为 632.48 g/m²；2016 年 7 月经过生产后为 407.76 g/m²，下降了 35.53%。2017 年 5 月，经过近一年的休渔后，文蛤的栖息密度恢复为 744.24 g/m²，比 2016 年上升了约 17.67%（图 5 - 10）。

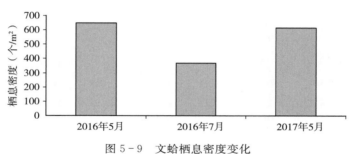

图 5 - 9 文蛤栖息密度变化

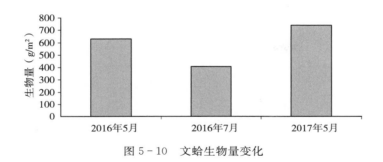

图 5-10　文蛤生物量变化

（二）壳长、软体部干重和壳干重的变化

文蛤壳长、软体部干重和壳干重的变化如表 5-2 所示。经 SPSS16.0 的单因素方差分析（one-way ANOVA），3 个时间的壳长、软体部干重和壳干重均无显著性差异（$P >$ 0.05）。这表明在潮间带的同一位置，文蛤幼体的规格指标受生产和年份的影响很小。

表 5-2　文蛤壳长、软体部干重和壳干重的变化

项目	2016 年 5 月	2016 年 7 月	2017 年 5 月
壳长（mm）	15.57±3.39	16.40±3.34	16.52±3.91
软体部干重（mg）	18.05±17.02	19.34±10.18	22.82±29.28
壳干重（mg）	452.19±262.92	516.25±257.70	569.89±693.79

文蛤的采捕时间限定模式为：每年的 4—6 月进行滩涂苗种的生产，6 月以后滩涂生产结束；至翌年 4—6 月再生产。这种模式既能保证文蛤苗种的产量，又能保证资源量的稳定。

第六章
黄河口贝类资源
可持续利用策略

第一节　存在问题

当前，黄河口近岸海域－15 m 等深线以浅海域以渔业用海为主，渔业用海类型中又主要以养殖用海为主。养殖用海类型主要分为两种：开放式养殖和围海养殖。据统计，2016年东营市已确权养殖用海面积达 891.33 km²，约占全市渔业用海总面积的 95.9%。其中，开放式养殖用海面积约 833.33 km²，约占养殖用海总面积的 93.5%，主要以贝类底播和护养为主。但是，从开放式养殖所占用的海域水深条件来看，目前东营市养殖用海主要集中在水深 5 m 以浅海域，5 m 以深海域利用率极低。初步统计，全市海岸线至 0 m 等深线之间的滩涂已用于养殖开发利用的约 59.33 km²，约占全市滩涂总面积的 4.9%；已用于养殖开发利用的浅海约 832 km²，约占全市－15 m 等深线以内浅海总面积的 17.3%。

近年来，由于陆源入海排污量增加、海域开发力度加强等原因，导致黄河口地区贝类资源自然分布区域呈萎缩趋势、天然资源总量下降，经济价值较高的文蛤、毛蚶、青蛤等资源不断衰退。以文蛤为例，1984 年 6—8 月调查结果显示，潮间带文蛤的分布区主要有 4 个：顺江沟—湾湾沟、挑河—神仙沟、永丰河南侧、支脉沟—小清河。调查发现，最大生物量见于支脉沟—小清河，为 484 g/m²，栖息密度为 483 个/m²；2004 年 5 月调查结果显示，黄河口入海流路以北至潮河段调查均有发现文蛤，最大生物量见于东营港，为 208.35 g/m²，栖息密度为 22.22 个/m²，黄河入海流路以南至小清河段未发现文蛤；2008 年 5—9 月调查结果显示，潮间带文蛤分布区再次向北移位，主要位于五号桩—潮河段；自 2004 年调查后，有计划有针对性地实施了 3 年的底播增殖修复，资源量有所恢复，最大生物量见于马新河以东，为 132.55 g/m²，栖息密度为 22.22 个/m²，对比该区域 4年前的调查数据生物量和密度仅为 13.89 g/m² 和 18.32 个/m²，资源修复效果明显；然而，2013 年 5—8 月课题组外业调查结果仍显示，黄河口潮间带文蛤的分布区域已呈严重萎缩趋势，目前仅集中分布于二河—沾利河段，在其他岸段未发现。

究其主要原因，主要存在以下几个方面的问题。

1. 环境恶化，资源衰退

黄河口近岸海域是渤海湾和莱州湾重要的产卵场和索饵场，很大程度上要归功于黄河，黄河每年携带巨量的水沙从这里入海，源源不断地给这片海域输送了极其丰富的营养盐，孕育了丰富的鱼、虾、蟹、贝等生物资源。但黄河带来丰富营养盐的同时也将陆源的污染输入，加之近年来周边沿海城市超负荷的工业和生活污水的排放，黄河口及其近岸海域环境质量状况堪忧。《2015 年东营市海洋环境状况公报》发布的结果表明，黄河口近岸海域环境质量状况总体一般，水污染程度较重，主要污染物为无机氮。近岸海域水质等级以第二类、第三类水质为主，劣于第四类海水水质标准的海域面积多达 529 km²，适于海洋渔业水域的第一类水质海域面积占近岸海域总面积的比例不超过 4%，远低于 2014 年的 16%。随着海水养殖业的发展，海水养殖业自身的环境污染范围也在不断扩大。

2. 非渔业用海过度，挤压渔业空间

虽然目前黄河口浅海滩涂资源开发利用以渔业为主，但近年来随着社会经济的发展，东营市用海需求与有限的海域资源之间的矛盾日益加剧，工业发展、城市建设、滨海旅游、港口物流等占用渔业水域、滩涂的现象日益增多，渔业发展空间不断受到挤压，渔民"失海""失水"问题凸显。

3. 盲目进行增殖放流

自 2006 年以来，目前黄河口已连续 10 年开展了近海渔业资源增殖放流行动，一些品种的资源量有了不同程度的增加，取得了一定的生态、社会和经济效益，放流区域的渔业资源量得到了有效补充。但仍然抵挡不住渔业资源总量衰退、自然分布区域萎缩、重要经济种濒临灭绝甚至已经灭绝的严重趋势。究其原因，有近海水体污染、捕捞强度过大等主导因素，也有增殖放流执行过程本身存在的一些问题。如放流前缺乏翔实的科学调查和评估，对于增殖放流区域、放流种类、放流规格、放流时间、放流量等均不能准确地把握；且增殖放流多由具有一定资质的企业实施，但这些企业往往自身也从事浅海滩涂养殖业，不可避免地会带来一些本位主义的弊端；等等。这些限制因素，都阻碍了增殖渔业的健康发展。

4. 养殖用海业户规模小，经营粗放，效益差

整体来看，黄河口浅海滩涂养殖业经营者多由周边沿海渔民转化而来，在经营过程中不可避免地复制了农业"小农式"的经营模式。加上劳动力的充足供给和资金的相对短缺，使浅海滩涂养殖业也逃脱不了劳动力密集型的发展模式，并逐渐形成了与之相适应的家庭经营、小规模生产、手工操作为主的生产经营模式。狭小的经营规模、简单的养殖设施，使大部分养殖生产集中在沿岸滩涂浅海，无力向更深的广阔水域发展，最终形成了目前小而散、多而乱的养殖布局，养殖利润低。并且，由于资金、技术方面的限制，养殖户抵抗风险的能力差，难以开展产业化、规模化的养殖经营，对市场反应往往比较迟缓，生产效益十分低下。

5. 渔业良种生产体系不健全、不配套

山东省海水养殖的鱼类、甲壳类、贝类和藻类等品种近百种，而其中 20 多个品种仅在黄河口实现规模养殖。且历史上黄河口地区是我国北方重要的贝类产区，但目前浅海滩涂养殖品种也寥寥无几，主要是文蛤、四角蛤蜊、菲律宾蛤仔等、光滑河篮蛤等经济附加值较低的品种，且其中很多贝类种类的苗种不是来自于黄河口本地，而是要从浙江、福建、广西等不同产地采购。另外，牡蛎、魁蚶等经济附加值较高的贝类种类，也仅是近两年来逐渐开始引入试养。造成目前这种尴尬局面的原因，除由于过度捕捞、捕优留劣的不合适护养方式、环境污染等原因外，缺乏健全的良种生产体系也是问题的关键所在。如果没有一批具有一定规模的海洋生物育种研发基地和产业化基地，水产种质资源如文蛤、四角蛤蜊等具有黄河口地域特色的本地品种，以及其他优秀种质资源就不能得以保存并有所创新。

第二节　可持续利用对策及建议

1. 科学规划，合理布局

针对目前东营市浅海滩涂养殖业存在的问题和面临的严峻形势，对于其今后的发展应在尊重生态环境的前提下，科学统一规划、合理布局，规划要以调查评估为科学依据，合理确定适养区、规模、容量。同时，要加大海洋生态环境保护的力度，实现经济、社会和环境效益的统一。

东营市浅海域滩涂养殖业目前主要集中在水深 5 m 以浅，发展空间十分有限，且近岸水体污染问题亦比较突出。建议今后可向 5 m 以深海域甚至深水海区进行拓展，形成向海底拓展，海面、海中、海底、滩涂并用的养殖格局。发展多营养层次的生态养殖模式，减少对环境的压力。引进附加值高又适合该市海域养殖的新品种，推广筏式养殖、网箱养殖等拓展养殖海域的养殖模式，提高养殖效益。

2. 做好本底调查，搞好资源修复

从 20 世纪 80 年代至今，东营市近岸海域生态环境和生物资源状况都发生了很大的改变，期间，各级高校、研究院所虽也搞过大大小小的调查和研究，但时至今日，对于黄河口海域比较全面、系统、深入的调查研究，当属 20 世纪 80 年代初的全国海岸带和海涂资源综合调查。迄今已过去 30 多年，黄河口海域现今生态系统状况如何、渔业资源状况如何、存在哪些问题，海洋资源开发利用今后该如何科学合理地规划布局等，都缺乏强有力的科学依据。调查研究是基础，是解决上述一系列问题的关键所在。特别是近年来，国家、山东省、东营市有关政策和财政资金对科技扶持的力度在不断加大，为搞好调查研究提供了重要保障。因此，为及时、准确掌握东营市近岸海域生态环境状况和生物资源状况，摸清家底，建议今后至少每 5 年开展一次东营市范围的近海生态环境和生物资源调查和评估，并形成调查评估制度。同时，为进一步修复海洋生态环境、恢复生物种群数量，今后要科学地进行增殖放流，要根据水域生态环境、资源状况和养护需要进行科学论证，合理确定增殖功能区、增殖种类及规模。

3. 建立健全苗种繁育体系

优良品种是推动水产养殖业产品产量和质量大幅提增的主要因素之一。但随着海水

养殖业的快速发展和环境的改变，对良种培育提出了更高的要求，良种培育不再是过去传统的仅仅提高单一品种产量而已，更注重的是苗种的生长、发育、繁殖和抗逆能力等因素的综合性状遗传改良。目前，东营市还没有一批具有一定规模的海洋生物育种研发基地和产业化基地，今后，建议要加大对海水增殖优质品种培育和健康苗种繁育技术研发的支持力度，加快完善水产原良种体系和疫病防控体系，建设黄河口海域的海洋生物种质资源库，海水养殖优良种质研发中心、中试基地和良种基地，提高东营市良种的覆盖率，力争使东营市成为黄河三角洲地区、山东省乃至全国重要的海洋生物育种研发基地和产业化基地。

4. 整合科技资源，注重科技创新

近些年来，以中国科学院海洋研究所、中国海洋大学等为代表的高级科研院所，分别与东营市的一些重点企业，在海水养殖的某些领域联合开展了一些项目合作，并建立了长期稳定的合作关系。截至 2016 年，山东省现代农业产业技术体系刺参、虾蟹类和贝类三个重要产业的综合试验站均落户东营市，依托山东省现代农业产业技术体系，近年来东营市陆续与山东省创新团队的岗位专家开展了许多联合科研攻关，取得了许多好的成果。总体来说，东营市海洋科技资源优势显著，但为了更好地促进资源共享、协同创新，推动东营市浅海滩涂养殖业转型升级、提质增效，亟须整合、优化这些科技资源，切实发挥科技的引领和指导作用。建议：东营市今后应建立相应的协调机制，创新激励机制和支持模式，在政策、人员、资金上给予大力扶持，支持企业与高校、科研院所建立多种模式的产学研合作创新组织，推动企业与科研机构建立产业技术创新战略联盟，集中攻克一批核心技术和关键技术，打造科技协作创新、产业协作发展的成功模式。

5. 管控陆源污染，改善水域环境

近年来，不断加剧的陆源污染是导致东营市浅海滩涂养殖环境质量下降、渔业资源量衰退的主要因素之一。要实现东营市浅海滩涂养殖业的可持续发展，加大近岸海域环境的整治和修复力度，仍是今后工作的重中之重。建议：东营市海洋环境主管部门今后要加强海洋环境污染与生态破坏的监督管理，根据国家主要污染物排放总量控制计划和环境功能区划，严格控制东营市近岸海域主要污染物总量控制，加大对于一些典型的污染事件的执法力度。对于一些重要的渔业海域，如海洋特别保护区、种质资源保护区等，渔业主管部门要将其纳入海域动态监视监测系统、环境灾害监测与预报系统，以扩大海域养殖生产秩序及环境质量的监控范围，定期开展对东营市近岸海域的环境监测和质量评价，对养殖生产水域环境质量变化趋向进行分析报告，预防养殖环境恶化。

附 录
黄河口浅海滩涂贝类名录

附录一　黄河口滩涂贝类名录

一、双壳纲

1. 四角蛤蜊 *Mactra veseriformis*
2. 青蛤 *Cyclina sinensis*
3. 文蛤 *Meretix meretrix*
4. 毛蚶 *Scapharca kagoshimensis*
5. 菲律宾蛤仔 *Ruditapes philippinarum*
6. 渤海鸭嘴蛤 *Latermula marilina*
7. 日本镜蛤 *Dosinia japonica*
8. 饼干镜蛤 *Dosinia biscocta*
9. 彩虹明樱蛤 *Moerella iridescens*
10. 红明樱蛤 *Moerella rutila*
11. 光滑河篮蛤 *Potamocorbula laevis*
12. 缢蛏 *Sinonovacula constricta*
13. 橄榄胡桃蛤 *Nucula tenuis*
14. 长牡蛎 *Crassostrea gigas*
15. 近江牡蛎 *Crassostrea ariakensis*
16. 长竹蛏 *Solen strictus*
17. 焦河篮蛤 *Potamocorbula ustulata*
18. 凸壳肌蛤 *Musculus senhousia*
19. 薄壳绿螂 *Glauconome primeana*
20. 纹斑棱蛤 *Trapezium liratum*

二、腹足纲

1. 泥螺 *Bullacta exarata*
2. 托氏蜎螺 *Umbonium thomasi*
3. 秀丽织纹螺 *Nassarius festivus*

4. 微黄镰玉螺 *Lunatia gilva*

5. 扁玉螺 *Neverita didyma*

6. 脉红螺 *Rapana venosa*

7. 纵肋织纹螺 *Nassarius variciferus*

8. 光滑狭口螺 *Stenothyra glabra*

9. 琵琶拟沼螺 *Assiminea luieo*

10. 白带笋螺 *Terebra dussumieri*

11. 古氏滩栖螺 *Batillaria cumingi*

12. 锈凹螺 *Chlorostoma rustia*

13. 短滨螺 *Littorina brevicula*

14. 丽核螺 *Pyrene bella*

15. 中间拟滨螺 *Littoraria intermedia*

16. 嫁蝛 *Cellana toreuma*

附录二 黄河口浅海（0～－6 m）贝类名录

一、双壳纲

1. 毛蚶 *Scapharca subcrenata*
2. 文蛤 *Meretix meretrix*
3. 薄片镜蛤 *Dosinella corrugata*
4. 苍白亮樱蛤 *Nitidotellina pallidula*
5. 日本镜蛤 *Dosinia japonica*
6. 饼干镜蛤 *Dosinia biscocta*
7. 小荚蛏 *Siliqua minima*
8. 中国蛤蜊 *Mactra chinensis*
9. 西施舌 *Coelomaetra antiguata*
10. 光滑河篮蛤 *Potamocorbula laevis*
11. 红明樱蛤 *Moerella rutila*
12. 彩虹明樱蛤 *Moerella iridescens*
13. 江户明樱蛤 *Moerella jedoensis*
14. 薄壳绿螂 *Glauconome primeana*
15. 大沽全海笋 *Barnea davidi*
16. 四角蛤蜊 *Mactra veneriformis*
17. 长竹蛏 *Solen strictus*
18. 焦河篮蛤 *Potamocorbula ustulata*
19. 渤海鸭嘴蛤 *Laternula marilina*
20. 小刀蛏 *Cultellus attenuatus*
21. 菲律宾蛤仔 *Ruditapes philippinarum*
22. 纹斑棱蛤 *Trapezium liratum*
23. 长牡蛎 *Crassostrea gigas*
24. 大连湾牡蛎 *Ostrea talienwhanensis*
25. 褶牡蛎 *Ostrea plicatula*

二、腹足纲

1. 脉红螺 *Rapana venosa*
2. 微黄镰玉螺 *Lunatica gilva*
3. 扁玉螺 *Neverita didyma*
4. 广大扁玉螺 *Neverita reiniana*
5. 朝鲜笋螺 *Terebra koreana*
6. 白带笋螺 *Terebra dussumieri*
7. 纵肋织纹螺 *Nassarius variciferus*
8. 红带织纹螺 *Nassarius succinctus*
9. 白带三角口螺 *Trigonaphera bocageana*
10. 秀丽织纹螺 *Nassarius festivus*
11. 丽核螺 *Mitrella bella*
12. 真玉螺 *Eunaticina papilla*
13. 皱纹盘鲍 *Haliotis discus*
14. 银白壳蛞蝓 *Philine japonica*

参 考 文 献

白胡木吉力图，2008. 大连海区青蛤的性腺发育和生殖周期 [J]. 大连水产学院学报，23 (3)：196 - 199.

蔡立哲，马丽，高阳，等，2002. 海洋底栖动物多样性指数污染程度评价标准的分析 [J]. 厦门大学学报 (自然科学版)，41 (5)：641 - 646.

蔡学军，田家怡，2004. 黄河三角洲滩涂动物多样性的研究 [J]. 海洋湖沼通报 (4)：45 - 52.

丁鉴锋，闫喜武，赵力强，等，2013. 海洋污染物对菲律宾蛤仔的免疫毒性 [J]. 生态学报，33 (17)：5419 - 5425.

高六礼，田家怡，1999. 黄河三角洲附近海域底栖动物多样性及其保护措施 [J]. 海洋环境科学，18 (1)：39 - 44.

葛宝明，2005. 滩涂湿地大型底栖动物群落生态学研究 [D]. 杭州：浙江师范大学.

赫崇波，陈洪大，1997. 滩涂养殖文蛤生长和生态习性的研究 [J]. 水产科学，16 (5)：17 - 19.

赫崇波，徐盛基，张赤，2001. 辽宁文蛤滩涂养殖业现状及前景分析 [J]. 水产科学，20 (4)：42 - 43.

胡颢琰，施建荣，刘志刚，等，2009. 长江口及其附近海域底栖生物生态调研 [J]. 环境污染与防治，31 (11)：84 - 106.

胡莲法，2001. 文蛤的水泥池暂养技术 [J]. 中国水产 (1)：51.

胡知洲，2009. 生境干扰对滩涂湿地大型底栖动物群落结构的影响 [D]. 杭州：浙江师范大学.

华尔，张志南，张艳，2005. 长江口及邻近海域小型底栖生物栖息密度和生物量 [J]. 生态学报，25 (9)：2234 - 2242.

黄宗国，2004. 海洋河口湿地生物多样性 [M]. 北京：海洋出版社.

黄宗国，2004. 中国海洋生物种类与分布 [M]. 北京：海洋出版社.

黄宗国，2007. 厦门湾物种多样性 [M]. 北京：海洋出版社.

吉红九，于志华，姚国兴，等，2000. 几项生态因子与文蛤幼苗生长的关系 [J]. 海洋渔业，22 (1)：17 - 19.

江锦祥，陈灿忠，吴启泉，等，1984. 台湾海峡西部近海底栖生物生态初步研究 [J]. 海洋学报，6 (3)：389 - 398.

江锦祥，吴启泉，1985. 东海陆架及邻近海区底栖生物数量分布初步研究 [J]. 海洋学报，7 (2)：246 - 255.

蒋日进，钟俊生，张冬良，等，2009. 长江口沿岸碎波带仔稚鱼的种类组成及其多样性特征 [J]. 动物学研究，18 (1)：42 - 46.

焦海峰，施慧雄，尤仲杰，等，2011. 渔山岛岩礁基质滩涂大型底栖动物优势种生态位 [J]. 生态学报，31 (14)：3928 - 3936.

金显仕，邓景耀，1999. 莱州湾春季渔业资源及生物多样性的年间变化 [J]. 海洋水产研究，20 (1)：6 - 12.

柯巧珍，李琪，陈常杰，等，2010. 黄河三角洲青蛤的繁殖生物学研究 [J]. 中国海洋大学学报 (自然科学版)，40 (S1) 99 - 104.

柯巧珍，李琪，闫红伟，等，2012. 山东北部沿海四角蛤蜊性腺发育年周期研究 [J]. 中国海洋大学学报，42 (11)：28 - 34.

李宝泉，李新正，王洪法，等，2007. 长江口附近海域大型底栖动物群落特征 [J]. 动物学报，53 (1)：76 - 82.

李凡，张焕君，吕振波，等，2013. 莱州湾游泳动物群落种类组成及多样性 [J]. 生物多样性，21 (5)：537 - 546.

李欢欢，鲍毅新，胡知洲，等，2005. 杭州湾南岸大桥建设区域滩涂大型底栖动物功能群及营养级的季节动态 [J]. 动物学报，53 (6)：1011 - 1023.

李金明，陈胜林，王立群，等，2002. 滩涂文蛤网围养殖技术的研究 [J]. 中国水产 (3)：59 - 60.

李金明，王立群，任贵如，等，2002. 渤海湾南岸文蛤半人工采苗增殖试验 [J]. 渔业现代化 (1)：19.

李明云，薛学朗，冯坚，等，1989. 象山港黄墩支港菲律宾蛤仔的种群动态及其繁殖保护措施的探讨 [J]. 生态学报，9 (4)：297 - 303.

李荣冠，2003. 中国海陆架及邻近海域大型底栖生物 [M]. 北京：海洋出版社.

李荣冠，江锦祥，鲁琳，等，1993. 大亚湾滩涂底栖生物种类组成与分布 [J]. 海洋与湖沼，24 (5)：527 - 535.

李霞，1998. 四角蛤蜊人工刺激催产的初步研究 [J]. 松辽学刊 (自然科学版)，20 (3)：29 - 31.

李新正，刘录三，李宝泉，2010. 中国海洋大型底栖生物：研究与实践 [M]. 北京：海洋出版社.

梁俊彦，蔡立哲，周细平，等，2008. 深沪湾沙滩滩涂大型底栖动物群落及其次级生产力 [J]. 台湾海峡，27 (4)：466 - 471.

林岿璇，张志南，王睿照，2004. 东黄海典型站位底栖动物粒径谱研究. 生态学报，4 (2)：211 - 221.

林志华，柴雪良，方军，等，2002. 文蛤工厂化育苗技术 [J]. 上海水产大学学报，11 (3)：242 - 247.

刘建康，1999. 高级水生生物学 [M]. 北京：科学出版社.

刘录三，孟伟，田自强，等，2008. 长江口及毗邻海域大型底栖动物的空间分布与历史演变 [J]. 生态学报，28 (7)：3027 - 3034.

刘瑞玉，徐凤山，1963. 黄东海底栖动物区系的特点 [J]. 海洋与湖沼，5 (4)：305 - 321.

刘卫霞，2009. 北黄海夏、冬两季大型底栖生物生态学研究 [D]. 青岛：中国海洋大学.

刘文亮，2007. 长江河口大型底栖动物及其优势种探讨 [D]. 上海：华东师范大学.

刘文亮，何文珊，2007. 长江河口大型底栖无脊椎动物 [M]. 上海：上海科学技术出版社.

刘宪斌，张文亮，田胜艳，等，2010. 天津滩涂大型底栖动物特征 [J]. 盐业与化工，39 (1)：31 - 35.

刘勇，线薇薇，孙世春，等，2008. 长江口及其邻近海域大型底栖动物生物量、栖息密度和次级生产力的初步研究 [J]. 中国海洋大学学报，38 (5)：749 - 756.

卢敬让，赖伟，堵南山，1990. 应用底栖动物监测长江口南岸污染的研究 [J]. 青岛海洋大学学报，20 (2)：32 - 43.

罗民波，沈新强，徐兆礼，等，2006. 长江口北支水域滩涂大型底栖动物研究 [J]. 海洋环境科学，25 (4)：43 - 47.

罗民波，沈新强，徐兆礼，等，2006. 长江口北支水域滩涂大型底栖动物研究 [J]. 海洋环境科学，25
　（4）：43-47.

罗民波，庄平，沈新强，等，2008. 长江口中华鲟保护区及临近水域大型底栖动物研究 [J]. 海洋环境
　科学，27（6）：618-623.

罗民波，庄平，沈新强，等，2010. 长江口中华鲟保护区及临近水域大型底栖动物群落变迁及其与环境
　因子的相关性研究 [J]. 农业环境科学学报，29（增刊）：230-235.

骆文宗，2002. 文蛤高产养殖技术 [J]. 中国水产（3）：61.

马藏允，刘海，王惠卿，等，1997. 底栖生物群落结构变化多元变量统计分析 [J]. 中国环境科学，17
　（4）：297-300.

孟翠萍，林霞，2008. 象山港桐照滩涂小型底栖动物栖息密度和生物量的研究 [J]. 水产科学，27
　（12）：637-640.

牛泓博，聂鸿涛，朱德鹏，等，2015. 菲律宾蛤仔 EST-SSR 标记与生长性状的相关分析 [J]. 生态学
　报，35（6）：1910-1916.

农业部渔业局，2012. 中国渔业统计年鉴 2012 [M]. 北京：中国农业出版社.

农业部渔业渔政管理局，2015. 中国渔业统计年鉴 2015 [M]. 北京：中国农业出版社.

斯广杰，陈丕茂，陈勇，等，2009. 海洋底栖生物生态学研究进展 [J]. 安徽农业科学，37（19）：
　26-36.

孙道元，唐质灿，1989. 黄河口及其邻近水域底栖动物生态特点 [J]. 海洋科学集刊，30：261-275.

孙晋廷，1985. 青蛤育苗的研究 [J]. 海洋湖沼通报（4）：53-57.

孙亚伟，曹恋，秦玉涛，等，2007. 长江口邻近海域大型底栖生物群落结构分析. 海洋通报，26（2）：
　66-70.

陶世如，姜丽芬，吴纪华，等，2009. 长江口横沙岛、长兴岛滩涂大型底栖动物群落特征及其季节变化
　[J]. 生态学杂志，28（7）：1345-1350.

王洪法，李宝泉，张宝琳，等，2006. 胶州湾红石崖滩涂大型底栖动物群落生态学研究 [J]. 海洋科学，
　30（9）：52-57.

王李宝，凌云，黎惠，等，2013. 不同季节四角蛤蜊软体中主要营养成分分析 [J]. 水产养殖，34（1）：
　4-6.

王如才，王昭萍，张建中，1993. 海水贝类养殖学 [M]. 青岛：青岛海洋大学出版社.

王晓晨，李新正，王洪法，等，2008. 黄河口岔尖岛、大河口岛和望子岛滩涂秋季大型底栖动物生态学
　调查 [J]. 动物学杂志，43（6）：77-82.

王延明，方涛，李道季，等，2009. 长江口及毗邻海域底栖生物栖息密度和生物量研究 [J]. 海洋环境
　科学，28（4）：366-382.

王延明，李道季，方涛，等，2008. 长江口及邻近海域底栖生物分布及与低氧区的关系研究 [J]. 海洋
　环境科学，27（2）：139-164.

王志忠，段登选，张金路，等，2010. 2008 年黄河入海口滩涂大型底栖动物生物量研究 [J]. 广东海洋
　大学学报，30（4）：29-35.

魏利平、徐宗法、王育红，等，1996. 文蛤人工育苗技术研究 [J]. 齐鲁渔业，13（4）：15-18.

吴斌，彭张记，1996. 文蛤在对虾蓄水河中的生长情况 [J]. 科学养鱼（2）：12.

吴强，李显森，王俊，等，2009. 长江口及邻近海域无脊椎动物群落结构及其生物多样性研究 [J]. 水生态学杂志，2（2）：73-79.

吴耀泉，2007. 三峡库区蓄水期长江口底栖生物数量动态分析 [J]. 海洋环境科学，26（2）：138-141.

夏江宝，李传荣，徐景伟，等，2009. 黄河三角洲滩涂区大型底栖动物群落数量特征 [J]. 生态环境学报，19（4）：1268-1373.

项福椿，1991. 辽宁沿海四角蛤蜊生殖与生长及其开发养殖技术的探讨 [J]. 水产科学，10（4）：16-19.

辛俊宏，2011. 胶州湾西北部潮滩湿地大型底栖动物功能群 [J]. 应用生态学报，7（22）：1885-1892.

徐盛基，张赤，赫崇波，等，1998. 葫芦岛海区文蛤滩涂养殖试验报告 [J]. 水产科学，17（5）：34-36.

徐炜，2009. 北黄海大型底栖生物的拖网调查研究 [D]. 青岛：中国海洋大学.

徐晓军，2006. 崇明东滩大型底栖动物群落的生态学研究 [D]. 上海：华东师范大学.

徐兆礼，蒋玫，白雪梅，等，1999. 长江口底栖动物生态研究 [J]. 中国水产科学，6（5）：59-62.

闫喜武，张跃环，左江鹏，等，2008. 北方沿海四角蛤蜊人工育苗的初步研究 [J]. 大连水产学院学报，23（5）：268-272.

阎冰，邓岳文，杜晓东，等，2002. 广西地区文蛤的遗传多样性研究 [J]. 海洋科学，26（5）：5-8.

杨凤，曾超，王华，等，2016. 环境因子及规格对菲律宾蛤仔幼贝潜沙行为的影响 [J]. 生态学报，36（3）：795-802.

杨洁，蔡立哲，梁俊彦，等，2007. 厦门海域大型底栖动物两个优势种的发现及数量分析 [J]. 海洋科学，31（9）：44-49.

杨泽华，2006. 长江河口沙洲岛屿湿地大型底栖动物群落生态学研究 [D]. 上海：华东师范大学.

杨泽华，童春富，陆健健，2006. 长江口湿地三个演替阶段大型底栖动物群落特征 [J]. 动物学研究，27（4）：411-418.

姚振刚，刘颉贤，丁河峰，2007. 虾池养殖文蛤技术 [J]. 中国水产（11）：31.

叶属峰，纪焕红，曹恋，等，2004. 河口大型工程对长江河口底栖动物种类组成及生物量的影响研究. 海洋通报，4（23）：32-37.

尤仲杰，徐善良，谢起浪，2000. 浙江沿岸的贝类资源及其增养殖 [J]. 东海海洋，18（3）：50-56.

于志华，1997. 文蛤增养殖技术讲座 [J]. 水产养殖（1）：30-32.

虞志飞，闫喜武，杨霏，等，2011. 菲律宾蛤仔大连群体不同世代的遗传多样性 [J]. 生态学报，31（15）：4199-4206.

虞志飞，闫喜武，张跃环，等，2012. 不同年龄段大连群体菲律宾蛤仔 EST-SSR 多样性 [J]. 生态学报，32（15）：4673-4681.

袁伟，2005. 胶州湾西部海域大型底栖动物的群落结构和多样性 [D]. 青岛：中国海洋大学.

袁伟，金显仕，戴芳群，2010. 低氧环境对大型底栖动物的影响 [J]. 海洋环境科学，29（3）：293-296.

袁兴中，陆健健，2001. 长江口潮沟大型底栖动物群落的初步研究 [J]. 动物学研究，22（2）：211-215.

袁兴中，陆健健，2001. 长江口岛屿湿地的底栖动物资源研究［J］. 自然资源学报，16（1）：37-41.

袁兴中，陆健健，2002. 长江口潮滩湿地大型底栖动物群落的生态学特征［J］. 长江流域资源与环境，11（5）：414-420.

袁兴中，陆健健，刘红，2002. 长江口新生沙洲底栖动物群落组成及多样性特征［J］. 海洋学报，24（2）：133-139.

袁中兴，2001. 河口潮滩湿地底栖动物群落的生态学研究［D］. 上海：华东师范大学.

袁祖贵，楚泽涵，杨玉珍，2006. 黄河入海口径流量和输沙量对黄河三角洲生态环境的影响［J］. 古地理学报，8（1）：125-130.

曾志南，李复雪，1991. 青蛤的繁殖周期［J］. 热带海洋，10（1）：86-91.

张汉华，梁超愉，李茂照，等，1995. 白沙湖四角蛤蜊的生长及种群动态的研究［J］. 南海研究与开发（4）：46-50.

张焕君，李凡，丛日翔，等，2014. 黄河口海域无脊椎动物群落结构及其变［J］. 中国水产科学，21（4）：800-809.

张敬怀，李小敏，方宏达，等，2010. 珠江口海洋疏浚物倾倒区及附近海域大型底栖生物群落健康评价［J］. 热带海洋学报，29（5）：119-124.

张玺，齐钟彦，张福绥，等，1963. 中国海软体动物区系区划的初步研究［J］. 海洋与湖沼，5（2）：124-138.

张玉平，2005. 九段沙底栖动物的生态学研究［D］. 上海：华东师范大学.

张玉平，由文辉，焦俊鹏，2006. 长江口九段沙湿地底栖动物群落研究［J］. 上海水产大学学报，15（2）：169-172.

张跃环，闫喜武，杨凤，等，2008. 菲律宾蛤仔（*Ruditapes plilippinarum*）大连群体两种壳型家系生长发育比较［J］. 生态学报，28（9）：4246-4252.

张志南，图立红，于子山，1990. 黄河口及其邻近海域大型底栖动物的初步研究［J］. 青岛海洋大学学报，20（1）：37-45.

章飞军，童春富，谢志发，等，2007. 长江口滩涂大型底栖动物群落演替［J］. 生态学报，27（12）：4944-4952.

章飞军，童春富，张衡，等，2007. 长江口潮下带春季大型底栖动物的群落结构［J］. 动物学研究，28（1）：47-52.

赵匠，1992. 四角蛤蜊的温度试验研究［J］. 松辽学刊（自然科学版），14（4）：26-28.

赵匠，1993. 温度对四角蛤蜊存活的影响［J］. 松辽学刊（自然科学版），15（3）：32-35.

郑荣泉，张永普，李灿阳，等，2007. 乐清湾滩涂大型底栖动物群落结构的时空变化［J］. 动物学报，53（2）：390-398.

周朝生，2006. 饵料对青蛤 *Cyclina sinensis*（Gmelin）人工育苗幼虫生长的影响试验［J］. 现代渔业信息，21（7）：35-36.

周红，张志南，2003. 大型多元统计软件的方法原理及其在底栖群落生态学中的应用［J］. 青岛海洋大学学报，33（1）：58-64.

周晓，葛振鸣，施文彧，等，2006. 长江口九段沙湿地大型底栖动物群落结构的季节变化规律［J］. 应

用生态学报，17（11）：2079-2083.

周晓，王天厚，葛振鸣，等，2006. 长江口九段沙湿地不同生境中大型底栖动物群落结构特征分析 ［J］.
　　生物多样性，14（2）：165-171.

周晓蔚，王丽萍，郑丙辉，等，2009. 基于底栖动物完整性指数的河口健康评价 ［J］. 环境科学，30
　　（1）：242-247.

朱晓君，陆健健，2003. 长江口九段沙滩涂底栖动物的功能群 ［J］. 动物学研究，24（5）：355-356.

朱鑫华，缪锋，刘栋，等，2001. 黄河口及邻近海域鱼类群落时空格局与优势种特征研究 ［J］. 海洋科
　　学集刊，43：141-151.

作者简介

张士华　男，1962年12月生。1983年7月毕业于山东海洋学院水产系。现任山东水产学会第七届常务理事，东营市海洋经济发展研究院副院长。二级研究员。

　　30多年来，一直在海洋与渔业生产一线从事水产科学研究和技术推广工作。在国内外发表论文40余篇，获国家授权发明专利3项、实用新型专利5项。先后主持完成10余项关键课题研究，获海洋创新成果奖二等奖3项，山东省科学技术进步奖二等奖1项、三等奖1项，全国农牧渔业丰收奖三等奖1项，山东省农牧渔业丰收奖二等奖1项；先后被评为山东省有突出贡献的中青年专家，东营市劳动模范，东营市有突出贡献中青年专家。2012年，被授予山东省富民兴鲁"五一"劳动奖章；2014年，被评为第五届全国优秀科技工作者。